《南泥湾》主创人员谈人生感悟
体会他们的心路历程

假如的人生没有意义

纪海　彭丹　赵燕国彰　王丽◎著

人生赢家之所以能够成功，是因为在他们眼里，荣华富贵、功名利禄都是身外之物，人生不能重来，唯有奋斗和努力能够随时随地开始。只要不放弃，任何成功都可以从头再来。

中华工商联合出版社

图书在版编目(CIP)数据

假如的人生没有意义 / 纪海等著. -- 北京 : 中华工商联合出版社，2018.2

ISBN 978-7-5158-2199-3

Ⅰ.①假… Ⅱ.①纪… Ⅲ.①人生哲学－通俗读物 Ⅳ.①B821-49

中国版本图书馆CIP数据核字（2018）第020733号

假如的人生没有意义

作　　者：纪　海　彭　丹　赵燕国彰　王　丽
策划编辑：胡小英
责任编辑：李　健　邵桄炜
封面设计：国风设计
责任审读：李　征
责任印制：迈致红
出版发行：中华工商联合出版社有限责任公司
印　　刷：三河市兴国印务有限公司
版　　次：2018年3月第1版
印　　次：2018年3月第1次印刷
开　　本：710mm×1020mm　1/16
字　　数：170千字
印　　张：12
书　　号：ISBN 978-7-5158-2199-3
定　　价：42.00元

服务热线：010-58301130
销售热线：010-58302813
地址邮编：北京市西城区西环广场A座
19-20层，100044
http://www.chgslcbs.cn
E-mail: cicap1202@sina.com(营销中心)
E-mail: gslzbs@sina.com(总编室)

目录

CONTENTS

第二章

爱拼的人有好运

第三章

努力坚持你的梦想

第四章

任何时候都不要迷失方向

第五章

在逆境中积蓄反弹的力量

第六章

行动是极致的修行

第七章

假如的人生没有意义

第一章

做一个孤独的自律者

自律的最高境界是享受孤独和自由

你今天的优势是昨天克制的劣势

管好善变的情绪，是你蜕变前的洗礼

你内心的温度掌控成功的高度

自律，在煎熬中走向成功

自律的最高境界是享受孤独和自由

但凡成功的人，大多都是自律的人。他们数年如一日地严于律己，铸就自己坚强的个性，让自己变得坚韧不拔，最终成就伟业，做了自己的王。

但凡成功的人，大多都是自律的人。他们数年如一日地严于律己，铸就自己坚强的个性，让自己变得坚韧不拔，最终成就伟业，做了自己的王。

他是一名球员，由于身体瘦弱，背部神经还有着严重的伤病，所以，在体格健壮的球员中，他显得是那么的格格不入。

刚进入球队时，他不但外形条件不被人看好，球技也很差。很多人都认为，他在球队待不了多长时间就会自动放弃的。然而，他接下来在球队的表现，令所有的人惊讶不已。

他获得了“连庄”MVP——连续两个赛季的最有价值球员。这样的功绩，在历史上只有十个人做到了，除了他以外，其余九个人是乔丹、张伯伦等天才球员。

他就是史蒂夫·纳什，前加拿大职业篮球运动员，司职控球后卫，绰号“风之子”。史蒂夫·纳什在1996年NBA选秀中于第1轮第15位被菲尼克斯太阳队选中，1998年加盟达拉斯小牛队，2004年重回太阳队，在2005−2006连续两年当选NBA常规赛MVP，2012年签约洛杉矶湖人队。8次入选NBA全明星阵容，7次入选NBA最佳阵容，2次夺得NBA全明星技巧挑战赛冠军，2007年荣获詹姆斯·沃尔特·肯尼迪公民奖，4次入选“5−4−9俱乐部”。

事后，人们在分析他取得辉煌成绩的原因时发现，这个史上“天赋最差的篮球巨星”，就是胜在高度的“自律”方面：为了保持健康的身体，他平日里不吃巧克力、不吃高热量的食品，甚至不沾糖、油炸和深加工食品；在训练日里，他一天吃六餐健康营养的食品，即麦片粥（不含谷蛋白）、杏仁切片、生坚果、水果、蔬菜、糙米饭、胡萝卜和生芹菜。

他用在别人看来是“苦行僧”的饮食方式，几年如一日地坚持着，结果，他不但让自己的身体变得越来越健康强壮，他在训练方面也能做到自律：每天为自己制定科学的作息表，一天训练多少个小时，不练完就不允许自己休息。于是，就出现了这样的情况：别的球员休息时，他还在坚持训练。

正是这种高强度的训练方法，让他从一名没有“天分”的默默无闻的球员，成为世界级的球员。

纳什的故事告诉我们，一个人要想成功，必须学会自律。这里说的自律，就是对自己要有高标准的要求。你在哪方面自律，就能在哪方面收获成功：你想保持健康的身体，就得在饮食方面自律；你想学有所成，每天必须腾出时间来学习知识。

自律是约束内心的一种能力，它要求必须时刻警醒自己，竭力与思想的倾向斗争，内心洞悉而练达、沉稳而睿智、淡定而从容，忍得住孤独、耐得住寂寞、挺得住痛苦、顶得住压力、挡得住诱惑、经得起考验、受得起打击。法律条文、道德规范都是“他律”，法纪制度规范是外在约束的根本，但不是自我内心的本真，只有出自个人内心的主动“自律”，才是实现自我发展的根本途径。否则，一味地任由内心私欲膨胀、由着性子胡来，终会自毁前程。

有人说：“人的一生是为欲望而生的一生，也是与欲望抗争的一生。”成功人士大多是自律的人，他们在面对诱惑的时候，表现得气定神闲、胸怀坦荡。

微信，俨然已经成为现代人沟通的主要方式了。当我们登录微信，会看到一个孤独的人背对着我们看那蓝色的星球。微信的创造者张小龙怎么会设置一个如此孤独的画面呢？原来张小龙在创造微信之前，过了三年的孤独岁月！事实上，张小龙本身也是一个沉默寡言、没有其他不良嗜好，崇尚技术的人，现为腾讯副总裁。

早在大学时代，很有头脑的张小龙就是一个自律性极强、不爱说话的孤独者。他几乎把学习之余的所有时间都用在“捣鼓电脑”上。在其他同学聚会聊天玩游戏时，他却在利用这些时间研究电脑。

正是因为不擅长与人打交道，他开发了很多需要借助工具完成与周围人的沟通软件。在开发微信之前，他先后开发了Foxmail、QQ邮箱，这些产品都有一个共性：更好、更容易地与他人进行沟通。

易卜生说过：“世界上最强的人，也就是最孤独的人。只有伟大的人，才能在孤独寂寞中完成他的使命。”

孤独是每个人与生俱来的特质。为此，卡夫卡说：“尽管人群拥挤，每个人都是沉默的，孤独的。”但如果我们学会让自己的灵魂与孤独相处，那么我们就会把孤独当成享受，当我们甘愿与孤独相伴，自强自律，就会实现身心合一的自由。

你今天的优势是昨天克制的劣势

人生短暂，我们要想让自己的人生过得有意义，就得严以自律、严格地克制自己，这样我们才能把有限的时间放到更多的有意义的事情上，让我们的生活更有品质，同时，让我们的生命按照我们想要的模样灿烂地绽放！

自律带给我们最实惠的回报，是让我们的劣势成为优势，使我们变成更好的人。

对每个人来说，只要我们能够认清自己，用“自律”来克制身上的劣势，那么终有一天，劣势会成为让自己引以为豪的优势。

宝剑锋从磨砺出，梅花香自苦寒来。我们身上的很多闪光点，都来自对自己“坏习惯”的克制，对自己“缺陷”的修复。这个过程是很艰辛、很磨人的，稍有放松就会前功尽弃。若你能够坚持下来，那么“自律”将会带给你无穷的丰厚回报，甚至能够改变你的命运。

在美国斯坦福大学附属幼儿园的教室里，坐着几十个只有四岁的小孩，在他们面前的桌子上，各放着一块棉花糖。

看着孩子们一脸惊喜地盯着桌上的棉花糖，老师说道："这是我分给你们的棉花糖，现在我有事要出去，给你们两个选择，可以立刻吃掉，也可以等到我回来再吃。不过，能等到我回来吃糖的孩子，我会再奖励他两块棉花糖。"

老师走后，这几十个孩子开始了自己的选择。

有一部分孩子无法抗拒糖的诱惑，在老师走后不久，就吃掉了那块棉花糖。另一部分孩子为了多得到两块棉花糖，他们与诱惑作斗争。在等待老师到来的那段难挨的时间里，他们有的转过头不去看棉花糖；有的则闭上双眼假睡；有的轻哼自己喜欢的歌来转移注意力；有的则与小伙伴说话；有的趴在桌上呼呼睡觉……

总之，他们为了抵制棉花糖的诱惑，开动脑筋，根据自身情况，想了各种各样的简单实用的小绝招。这些可爱的小孩子们凭借坚强的意志力，勇敢地战胜了自我，当老师回来时，他们才大胆地去看桌上那块属于自己的棉花糖。他们在得到老师的表扬后，又获得了两块棉花糖。

故事到这里并没有结束。在十几年后，这些孩子进入了青春期，他们的表现迥然不同：

那些在四岁时就能够为两块糖果而坚持等待的孩子，具有较强的竞争力、较高的效率以及较强的自信心。他们能够更好地应付来自生活中的各种挫折和压力。不管遇到多大的困境，他们都不会自乱阵脚、惊慌不安，不会轻易崩溃。因为他们具有较强的责任心和耐心，自信乐观，办事认真可靠，所以普遍容易赢得别人的信任。

而当年那些立刻吃了棉花糖的孩子，其中约有三分之一的人缺乏上述品质，心理问题也相对较多。在人际交往方面，他们羞怯退缩，自负又优柔寡断；一遇到挫折就心烦意乱不知所措，把自己想得很差劲或一文不值。

这就是著名的“成长跟踪实验”。心理学家米切尔从20世纪60年代开始，对斯坦福大学附属幼儿园的孩子们进行跟踪研究，从四岁开始，直到高中毕业。这个实验结果告诉我们，四岁的孩子当初做出怎样的选择，不但从一种角度反映出他的性格特征，而且在一定程度上预示了他未来的人生道路。

用自律来克制自己性格中的“缺陷”，并且越早越好，这非常有利于你以后的人生之路。泰戈尔说：“要进行严厉的自我克制，因为克制本身就可以作为一种精神寄托。”

通常人们所认同的劣势或缺点，其实都是你变平庸的借口，就算你拥有最好的竞争条件，借口也会让你缺乏自信，变成阻碍你前进的劣势。

提到NBA的夏洛特黄蜂队，相信很多人都不陌生。人们尤其喜欢看明星球员伯格士场上奋力拼搏的身影，同时被他那高超的球艺所折服。

作为一名球员，伯格士的身材并不高，特别是在身高两米都嫌矮的NBA，身材矮小的他就像一只小黄蜂。

别看伯格士在身高上处于劣势，但他却是NBA表现最杰出、失误最少的后卫之一，不但控球一流、远投精准，就连他穿梭在高个儿队员中带球上篮也非常勇敢。当他在球场上像一只鸟一样自由穿梭时，台下的人们都会忍不住地惊呼叫好。

伯格士自小就长得身材矮小，但他非常爱篮球，几乎每天都和同伴们在篮球场上玩。他梦想着有一天可以打NBA，成为全国皆知的明星球员。

然而，当伯格士对同伴说“我长大后要去打NBA”，小伙伴们听了后，会忍不住哈哈大笑，有的同伴觉得他在说笑话，他们认定这个只有一米六的矮个子是绝不可能进入NBA的。

但是，伯格士并没有理会这些嘲笑，他深知“个子矮”的缺点，就坚持用更多的时间来练球，在日复一日的锻炼中，他不断地利用自己“个子矮”的缺点，在训练中完善自己：行动灵活迅速，几乎没有失误，而且正因为个子小，抄球反而更容易得手。

多年的苦练球的过程，不但让他球艺大增，还让他养成了善于总结的好习惯。最终他成为全能的篮球运动员，也成为最佳的控球后卫。

伯格士并不是天生的篮球好手。他之所以能有现在的成就，是因为他拥有超强的自律能力，这种自律能力表现在他苦练球技方面。他知道自己身体条件差，于是他十几年如一日地练习球技，最后靠着自己的意志与苦练，一步步地把劣势转变成了优势，创造了球场上的另一个奇迹！

一个人成功与失败真正的差别，就在于有没有努力前进的活力和动力。而这种活力和动力需要有足够的自律能力来坚持。

柏拉图说："自律是一种秩序，一种对于快乐和欲望的控制。"当我们想放弃时，我们可以问一问自己："我在做什么？我不能做什么？什么可为？什么不可为？对我来说最重要的是什么？"同时坚定地告诉自己：学会严格要求自己，做一个自律的人！

自律是源于我们内心的主动和自我的约束力。我们只有严格地要求自己，给自己制定一个合理的学习和生活规划，坚持完成自己的计划，通过自己的努力，就一定会有收获。

人生短暂，我们要想让自己的人生过得有意义，就得克制自己的劣势，发挥自己的优势，这样我们才能把有限的时间放到更多的有意义的事情上，让我们的生活更有品质，同时，让我们的生命按照我们想要的模样灿烂地绽放！

管好善变的情绪，是你蜕变前的洗礼

人生各个阶段的蜕变，都要经历一场痛苦的洗礼，这场洗礼，最终带给你的一定是成长……足以让你的人生绽放出绚丽的色彩！

对于我们每个人来说，自律不但是一种美德，更是一种准则。可以说，自律是一名优秀人才必备的素质。

大凡自律的人，都是有大智慧的人，他们给人的印象大多是面带真诚的微笑，对人彬彬有礼，让人觉得如沐春风，感到自己得到了足够的尊重。

我国现代著名历史学家顾颉刚有口吃，再加上浓重的苏州口音，他说话时很多人都听不懂。

顾颉刚年轻时，有一次因病从北大休学回家，同寝室的室友不远千里坐火车送他回苏州。室友们忧心顾颉刚的病，所以，他们在车厢里都不说话。顾颉刚为了打破沉闷的气氛，就主动找人说话。他把目光投向邻座一个和自己年龄相仿的年轻人身上，主动和对方打招呼："你好，你也……是……是去苏州的吗？”

年轻人转过脸看着顾颉刚，微笑着点了点头。

“出去……求学的？”顾颉刚想让对方说一句话，就又问。

可年轻人显然并不想说话，只是礼貌地微笑点头。一时之间，双方的谈话因为对方的不配合陷入了僵局。

“你什么……时候……到终点站呢？”顾颉刚不想让自己继续受此冷遇，继续追问着。

年轻人依旧笑而不语。这时，顾颉刚的一位室友看不过去了，生气地责问年轻人：“你这个人怎么回事？没听见他正和你说话吗？”年轻人并不生气，还是报以微笑。

顾颉刚伸手示意室友不要为难对方，室友就不再理这个只会点头微笑的木疙瘩，而是转过身和身边的朋友聊起来。

他们快到上海站准备下车的时候，顾颉刚突然发现那个年轻人不知什么时候已经走了，果盘下压着年轻人留下的一张字条：“兄弟，我叫冯友兰。很抱歉我刚才的所作所为。我也是一个口吃病患者，而且是越急越说不出话来。我之所以没有和你搭话，是因为我不想让你误解，以为我在嘲笑你。”

而冯友兰，后来成为我国当代著名的哲学家、教育家。

一个自律的人最大的特点，是能够管理自己的情绪。不管发生什么事情，不管遇到什么样的人，甚至是有人故意挑衅他们，他们也能够镇定、不发怒，不为所动，这样，他们才有时间让自己冷静下来处理事情，把事情做到更好。这样的人，在管好自己情绪的同时，也树立了自己的形象。

日本的松下公司要招聘一批推销人员，考试是笔试和面试相结合。这次共招聘十名员工，可是应聘的达到几百人，竞争非常激烈。经过一个星期的筛选工作，松下公司从这几百人中选择了十名优胜者。

松下幸之助亲自过目了这些入选者的名字，令他感到意外的是，面试时给他留下深刻印象的神田三郎并不在其中。于是，松下幸之助马上吩咐下属去复查考试分数的统计情况。

经过复查，下属发现神田三郎的综合成绩相当不错，在几百人中名列第二。由于计算机出了毛病，把分数和姓名排错了，才使神田三郎的成绩没有进入前十名。松下幸之助听了，立即让下属改正错误，尽快给神田三郎发聘用书。

第二天，负责这件事情的下属向松下幸之助报告了一个令人吃惊的消息：由于没有接到松下公司的聘用通知书，神田三郎竟然跳楼自杀了，当聘用通知书送到时，他已经死了。这位下属还自言自语地说："太可惜了，这位有才华的年轻人，我们没有录取他。"

松下幸之助听了，摇摇头说："不！幸亏我们公司没有录取他，这样的人是成不了大事的。一个没有勇气面对失败的人又如何去做销售！"

杰克·韦尔奇认为，一名优秀的职员应该具备出色的自制能力，一个连自己都管理不了的人，是无法胜任任何职位的，当然，最终他也不会成为一名好职员。这句话同样适用于我们做人方面：一个人，如果连自己的情绪都控制不了，即便给你整个世界，你早晚也会毁掉一切！

当你意识到自制自律的重要性，并在工作或生活中加以实施时，那么你会发现，你的工作习惯与生活习惯都会得到一定的提高。无论做什么事，都会让你有条理可循，做事稳重，不留后患，久而久之，你在同事与上司眼中，就是一个严格要求自己的优秀职员，是一个可以让人放心的人。所以，你的老板会放心地把重要的工作交给你去完成，你的同事也愿意和你共同工作，并乐于与你交往。随着你能力的提升，也将会为你赢得晋升与加薪的机会。

在生活中，说到做到、严于律己的你，会让更多的人喜欢你，在某种程度上就扩大了你的人脉圈，这可能会为你带来许多意想不到的成功机会。

总之，人生各个阶段的蜕变，都要经历一场痛苦的洗礼，这场洗礼，最终带给你的一定是成长……足以让你的人生绽放出绚丽的色彩！

你内心的温度掌控成功的高度

一个有成就的人，其内心一定会用足够的温度来追逐所做的事业，他会跟随内心直觉的勇气，让自己勇往直前地向着成功奋斗。在他们眼里，迎面而来的困难和坎坷都是浮云。他们的心里是对事业100度的热情和喜爱，这种温度足够支撑他们要做的事业，让他们有一种不达成功绝不罢休的霸气！

自律的人，都是内心有温度的人。这种温度，缘于他们对生命和生活炽热的爱。因为爱，他们才甘愿牺牲一些享受的时光，做积极奋斗、不轻言放弃的人。

一个能够把好习惯坚持下去的人，必定是一个懂得自律的人，他不仅爱自己，还爱生活。他们为了让自己变得更好，为了让生活变得更好，所以他愿意改变自己。这样的人，对很多事情都怀着饱满的激情。这种激情就是他们内心的温度，这温度不会因为受到挫折而有丝毫的减退。这就是为什么成功者大都具有执着坚强的个性，他们一旦选择了要做某些事情，是绝不会轻言放弃的。

从某种意义上来说，一个人内心有多高的温度，就代表着他成功的高度。

比尔·盖茨从十几岁就迷上了Basic编程，到现在他60多岁时，依然对计算机保持着浓厚的兴趣。即便他已经是世界首富，但只要有人跟他讲到计算机，他立刻会像孩子一样激动不已。

正是内心深处对自己职业的这种顶级的热爱，让比尔·盖茨在多年的工作中严于律己，不怕孤独和寂寞，在别人“享受生活”时，他通宵达旦地工作，甚至睡在办公室里，比员工还要敬业。正是这些原因，他的事业才达到了巅峰，他也获得了斐然的成绩；同样是因为他对职业的爱，也影响了他的员工。

有一次，美国一位部长问比尔·盖茨：“我在微软参观时，看到每一个员工都非常努力，非常快乐。你们是如何创造出这样的企业文化的？”比尔·盖茨回答：“我们雇用员工的前提是，这个员工对软件开发是有激情的。”

比尔·盖茨说的员工的“激情”，其实就是员工内心对工作的热爱程度。对成功而言，激情是必不可少的。由此来看，一个人所要达到的成功的高度，与他内心对于追逐成功的温度是成正比的。

当你想要做一个成功的人时，就得坚持内心的欲求，并为成功做准备，比如多学习，多跟一些成功人士交流，让自己每天都保持着满满的正能量。天长地久，你就有了自己的主见和见解，内心也会变得很强大，这时，周围一些消极的言论将不会影响到你。

人们在谈论苹果产品时，都会被其外形的美观和内在的质量所折服，称其是科技与艺术的结合，是技术与人文的结合。当苹果系列产品问世后，人们开始把乔布斯与禅结合在一起。

1972年，17岁的乔布斯从美国俄勒冈里德学院辍学后，接触到一本叫《禅者的初心》的书。其中有一句话是这么说的："如果你把每一天都当作生命中最后一天去生活的话，那么有一天你会发现你是正确的。"

这句话让乔布斯恍然惊悟，之后的四十多年中，他每天早上都会问镜子中的自己："如果今天是最后一天，你还会去做计划做的事情吗？"当答案连续多天是"No"之后，他知道，生命中的某些东西要改变了。

1975年，乔布斯与朋友在一间车库里创办了苹果公司。公司10年后发展成为市值超过20亿美元的大公司。在研制第二代苹果电脑时，习惯于禅坐的乔布斯，感觉主机风扇发出的嗡嗡声让人心神难宁。直觉告诉他，用户会和自己一样，不喜欢这种噪音。他要求合作者重新设计，随着设计复杂但容易冷却的电池的出现，问题最终得以解决。

1985年，因为发展理念不同，苹果公司把乔布斯"炒了鱿鱼"。在失落中，乔布斯看到了自己的初心——"成就一番伟业的唯一途径，就是热爱自己的事业。如果你还没能找到让自己热爱的事业，继续寻找，不要放弃。跟随自己的心，总有一天你会找到的。"

有了这样的信念，乔布斯非但没有被打倒，反而从另一个起点来做自己的事业。在接下来的五年中，他进入一生中最有创造力的阶段：先是创立了NeXT公司，接着又建立了Pixar。Pixar现在是世界最成功的动画制作工作室，它出品了世界上第一个电脑动画电影《玩具总动员》。

1997年，苹果公司收购了NeXT。乔布斯回归之后，iMac、iPod、iPad、iPhone相继问世。苹果进入了辉煌的时代。

一个人心中有多么热爱一份事业，体现在行动上就是有多么积极主动。在奋斗的过程中不管遇到多大的阻力，他都不会退缩，而是始终如一地让心的温度温暖着自己，温暖着钟爱的事业。这份温度足以令任何企图阻止他前进的“绊脚石”望而却步。

一个有成就的人，其内心一定会用足够的温度来追逐所做的事业，他会跟随内心的直觉，让自己勇往直前地向着成功奋斗。在他们眼里，迎面而来的困难和坎坷都是浮云。他们的心里是对事业100度的热情和喜爱，这种温度让他们有一种不达成功绝不罢休的霸气！

自律，在煎熬中走向成功

每个人要想获得成功，成功之前的煎熬是不可避免的。正是这种痛苦无助的“煎熬”，让我们的心理变得异常强大，让我们的生命变得厚重起来。如果人的一生没有一点挫折，没有一点挑战，那么哪里来的乐趣，哪里来的成功？

每个成功的人的背后往往都有着一段很辛酸、受尽煎熬的故事，在煎熬的日子里，他们严以律己，一心一意做自己喜欢的事情。也许就是因为这些煎熬锻炼了他们的意志，磨去了他们的坏习惯，凝聚了他们的才气，才使得他们得以成功！

1850年8月21日，在巴尔扎克的葬礼上，雨果所做的演讲中有这样的话：“在伟大的人物中间，巴尔扎克是最伟大的一个；在优秀的人物中间，巴尔扎克是最优秀的一个……可叹啊！这个坚强的、永远不停止奋斗的哲学家、思想家、诗人、天才作家。在我们中间，他过着风风雨雨的生活，遭逢了任何时代一切伟人都遭逢过的恶斗和不幸。如今，他走了。他走出了纷扰和痛苦。”

巴尔扎克是举世闻名的伟大作家，但他的一生充满坎坷。他在幼年时就缺乏母爱，母亲对他冷酷无情，为此，巴尔扎克在回忆这段生活时曾经说过："我从来不知道什么叫母爱。""我经历了人的命运中所遭受的最可怕的童年。"

缺乏家庭温情的巴尔扎克并没有因此而自暴自弃，而是立志从事清苦的文学创作。从1819年夏天开始，他每天都在一间阁楼里伏案写作。有人形容他所在的阁楼是咫尺见方，里面除了一张床和书桌外，别无他物。当时正值夏天，阁楼密不透风，热得像蒸笼一样。到了冬天，阁楼冷得像冰窖。因为没有钱，他经常饿着肚子写作。

在条件如此恶劣的情况下，巴尔扎克严格地要求自己：白天读书，晚上写作，一天只睡几个小时，碰到灵感来时，他经常通宵达旦地写作。这样的日子一过就是好几年。

屋漏偏遇连夜雨，巴尔扎克在与书商打交道的过程中不断受骗，他辛苦写的稿子没有稿费，曾一度让他负债累累，债务高达10万法郎。

为了躲避债务，巴尔扎克有过6次迁居。他对朋友说："我经常为一点面包、蜡烛和纸张发愁。债主迫害我像迫害兔子一样。我常像兔子一样四处奔跑。"

即便已经到了人生的绝境，巴尔扎克依然没有放弃，在一波接一波的磨难中，他忍受着命运之神对他的残酷考验，在饥饿和压力的煎熬中继续写作，当饿得写不下去时，他就喝水，喝完水再写。

巴尔扎克一边忍受贫困苦难的日子的煎熬，一边对自己更加严格，他从不跟人去娱乐，每天的写作时间是18个小时以上。他曾用一句话概括自己："一生的劳动都在痛苦和贫困中度过，经常不为人理解。"

巴尔扎克用这样的自律生活获得了骄人的文学成就：在不到20年里，他共创作91部小说，每一部小说都在世界上有广泛影响。凡是读过他小说的读者，都会被其文字和故事深深感动。

然而，巴尔扎克的辉煌成绩，却是在经历痛苦的煎熬后才得到的。他用了一生的贫困和痛苦才换来了这些伟大的作品。

一个人的任何成就，都必须经历痛苦的煎熬。当我们看到一些人在某方面获得成就，被很多人崇拜时，请一定记住，他们曾经受过这样或那样的磨难。

说到马云，那可真是很多人的励志偶像啊：为阿里巴巴服务的商人达到240万，马云即使在睡觉，阿里巴巴每天也有100万元的收入。但马云的今天，也是在经历一次次失败的煎熬后才获得的。

马云上学时，他的学习成绩从没进过班里前三名。然而他的理想是上北大，但最后他只上了杭州师院，而且，这个专科他考了3年。第一年高考他数学考了1分，第二年考了19分。

马云大学毕业后，先是当了6年半的英语老师。在当老师期间，他成立了杭州第一家外文翻译社，用业余时间接了一些外贸单位的翻译活。钱没挣到多少，倒是闯出了一点名气。

1995年，"杭州英语最棒"的马云受浙江省交通厅委托到美国催讨一笔债务。结果是钱没要到一分，倒发现了一个"宝库"——在西雅图，对计算机一窍不通的马云第一次学会了用互联网，并发现“这里有大大的生意可做”。马云当时就意识到互联网是一座金矿。

噩梦般的讨债之旅结束了，马云灰溜溜地回到了杭州，身上只剩下1美元和一个疯狂的念头——成立“阿里巴巴”。马云的想法是，把中国企业的资料集中起来，快递到美国，由设计者做好网页向全世界发布，利润则来自向企业收取的费用。

马云从不怕失败，这在他考大学时就已经练好了心理素质。立即行动是他的性格特点。他找了个学自动化的拍档，加上妻子，一共三人，两万元启动资金，租了间房，就开始创业了。这就是马云的第一家互联网公司——海博网络，产品叫“中国黄页”。

当时，很多人还不知互联网为何物，他们在听马云讲他的计划时就叫他“骗子”。1995年他第一次上中央台时，有个编导指着马云对记者说：“这个人不像好人。”

虽然马云在很多人面前栽了跟头，但他非但没有放弃，反而对自己要求严格起来，他天天提醒自己：“互联网是影响人类未来生活30年的3000米长跑，你必须跑得像兔子一样快，又要像乌龟一样耐跑。”

为了开展业务，他告诉自己要耐心，同时总结了很多说服客户的话术，在一次次的拒绝声中，业务艰难地开展了起来。

1996年，马云的营业额不可思议地做到了700万！也是在这一年，互联网渐渐普及了。这时马云受到了外经贸部的注意。1997年，马云被邀请到北京，加盟外经贸部的一个由联合国发起的项目——edi中心，并参与开发外经贸部的官方站点以及后来的网上中国商品交易市场。在这个过程中，马云的思路渐渐成熟：用电子商务为中小企业服务。

1999年，马云回杭州创办“阿里巴巴”网站。他对他的伙伴们说：“我要回杭州创办一家自己的公司，从零开始。愿意同去的，只有500元工资；愿留在北京的，可以介绍到收入很高的雅虎和新浪。”他说用3天时间给他们考虑，但不到5分钟，伙伴们一致决定：“我们回杭州去，一起去！”

几个月后一传十，十传百，阿里巴巴网站在商业圈中声名鹊起。就这样，他吸引到了大量客户的同时也吸引了人才和风险投资。

俗话说，第一个吃螃蟹的人，既要有勇气，更要有对自己的高度自律精神。马云是国内最早B2B（商家对商家）网站的创始人，他没有国外留学经历，不懂得网络，没有人脉，但他在一次次跌倒后，仍然不改初衷地做自己喜欢的事情，并且能够做到失败后依然专心做一件事情。

可以说，每个人要想获得成功，成功之前的煎熬是必不可少的。正是这种痛苦无助的“煎熬”，让我们的心理变得异常强大，让我们的生命变得厚重起来。如果人的一生没有一点挫折，没有一点挑战，那么哪里来的乐趣，哪里来的成功?

Chapter 2

第二章

爱拼的人有好运

成功的人都是爱拼的人

成熟就是把沧桑打碎吞进肚子里

磨难的路上站着好运

敢跟困难“拼命”的人赢“好命”

你的汗水和泪水不会白流

成功的人都是爱拼的人

阳光总在风雨后。也许你此时正在经历着人生的风雨，品味着拼搏的辛苦，体验着生命中不能承受之重；也许你正在彩虹下，享受着拼搏后的喜悦……不管你身在哪种环境里，我都要告诉你：不要气馁，不要松懈，咬紧牙关，绷紧全身，继续上路去拼！因为生命的价值在于拼搏，青春因拼搏而精彩！

巴尔扎克说："拼着一切代价，奔你的前程。"

成功在于尝试。只要我们永不放弃，勇于拼搏，不断尝试，成功不会遥不可及，而是就在我们脚下。

我有一位朋友才四十多岁，是北京某投资集团的董事长。他这四十年的人生经历堪称一部励志大片。

他出身农家，父亲早逝，高二时因家里经济拮据，身为家中长子的他，为了让弟妹上学，就辍学到城里打工赚钱。他搬过砖、挖过煤、做过装卸工、摆过地摊。他把赚到的钱几乎全寄到家里，给弟妹交学费。他在繁重的工作之余坚持学习，在五年当中，不但用苦力赚的钱供弟妹上学、接济家里生活，自己还上完了四年自考的本科大学。

他三十岁时，弟妹们大学毕业都找到了工作，他也攒了一笔让母亲养老的钱后，自己决定创业。

这时的他，靠着自己的拼搏，已经是北京一家外资企业的高管了，年薪达七位数。这样的工作令很多人羡慕不已。但听说他要辞职创业，他的老板、朋友、家人都劝他别冒这个险。

他说："有许多事情，不去做，怎么知道是冒险？我十六岁出家时就一无所有，哪里想到会有今天。所以，还是要拼一拼，试一试，才会发现这个险是不是冒得值。"

就这样，他从一个开着豪车上班的外企高管，成为一个只有两三个员工的私营企业老板。起初，他包揽了公司的所有活儿：全国各地跑业务，为了省钱，他住最便宜的旅馆，吃最便宜的饭菜。最惨的一次是他的钱包被偷后，他靠着五元钱过了四天。

十多年后，他的公司在美国上市。而他，则成为拥有百亿身家的董事长。

是什么神奇的力量和信念支撑着他一步步走向今天？他的回答是两个字：爱拼。

他多次对我说："有很多人把别人的成功归为拼爹拼家世。我不这样认为，其实，一个人的命运，是需要靠自己不断地拼搏来改变的。生命在于运动，成功在于拼搏。”

在生活中，我遇到过很多白手起家的客户，他们的成功缘于自己的努力拼搏。

的确，在我们创业的路上，家境好一点能够让我们更省一点力。但是，更重要的是，不用自己去拼来的财富，在你这里也是待不长久的。我们想要更大的成功，想要让自己真正感受到成功的快乐，必须靠着自己去打拼。那些成天抱怨自己不是富二代的人，永远不会成功。他可能从来没想过，这些白手起家的成功者，有的家境还不如他们，他们的成功靠的是他们身上的某种能力和努力。

俞敏洪在演讲时多次提到：“如果总认为别人抓住了机会，是因为他有什么社会关系，是因为世道太黑暗，那么我这辈子肯定不可能坐在这里了。”

俞敏洪是地地道道的农村孩子，他能够有今天，就是靠着不断地拼搏和奋斗改变了命运。为此，他还讲过这样一个故事：

能够到达金字塔顶端的只有两种动物：一是雄鹰，靠自己的翅膀飞上去；还有另外一种动物，那就是蜗牛，蜗牛肯定只能是爬上去。从金字塔底爬到金字塔顶端可能要一个月、两个月，甚至一年、两年。而且，这个过程绝对不是一帆风顺的，一定会掉下来、再爬。但是，蜗牛只要爬到金字塔顶端，它眼中所看到的世界，它收获的成就，跟雄鹰是一模一样的。

俞敏洪把自己比喻成蜗牛，他说："我在回顾自己的人生轨迹时，发现所有的机会都是以失败为前提的：考上北大是因为高考考了三年；英语培训厉害是因为连续四年想出国，却拿不到全奖只好给别人辅导课程；办新东方是因为偷偷在外兼课被北大记过处分，因为'臭名昭著'，在无奈之下选择离开……"

俞敏洪在今天算得上是厉害的人，他爱拼搏，在被命运一次次"抛弃"后，选择的不是自暴自弃，而是站起来迎战。

拼搏是一种向上的姿态，也是一个超越自我的过程。拼搏，意味着付出，大到国家，小至个人，无不在拼搏中展现自我，提升自我，超越自我。人，需要不断"刷新"自己，否则你将被知识爆炸的时代所淘汰。我们不能够平庸地混过一生，要找到自己的人生目标，为之拼搏。

在硬骨鱼类的腹腔内，几乎都有鳔。鱼鳔产生的浮力，能使鱼在静止状态时自由控制身体处在某一水层。此外，鱼鳔还能使鱼腹腔产生足够的空间，保护其内脏器官，避免水压过大，使内脏器官受损。因此，可以说鱼鳔掌握着鱼的生死存亡。

可有一种鱼却是惊世骇俗的异类，它天生就没有鳔！而且分外神奇的是，它早在恐龙出现前三亿年前就已经存在地球上，至今已超过四亿年，它在近一亿年来几乎没有改变。它就是被誉为"海洋霸主"的鲨鱼！英勇的鲨鱼用自己的王者风范、强者之姿，创造了无鳔照样追波逐浪的神话。

然而究竟是什么让鲨鱼没有鳔在水中仍然活得游刃有余呢？经过科

学家们的研究，发现因为鲨鱼没有长鳔，一旦停下来，身子就会下沉。它只能依靠肌肉的运动，永不停息地在水中游弋，因此保持了强健的体魄，练就了一身非凡的战斗力。

原来正是鲨鱼的天生缺陷，使它只能不息地奋力游动，反而造就了它的强大。鲨鱼无鳔，是它的悲，也是它的喜。

由此可见，一个真正经得起失败打击的人不会因为成功在召唤时才努力，越厉害的人往往越拼，他深知生命的美在于拼搏，生命唯有在拼搏中才能释放其无限精彩。成长的路上，越难走的路我们越要走下去。人生需要不断克服困难、战胜困难，方能享受那苦尽甘来的快乐。

泰戈尔曾说："生如夏花之绚烂，死如秋叶之静美。"人活着时要活得轰轰烈烈，死要死得其所。这样我们才不枉来世一遭。

人生的道路不是平坦的大道，坎坎坷坷，总有千难万险在阻挡，一帆风顺的人生是不存在的，人的一生更不是充满赞扬和满载鲜花的过程。任何一个成功者，其辉煌壮丽的一生都是历经艰险、曲折和磨难创造的。我们要想在短暂的生命中，拥有一个与别人不一样的人生，就必须不断地拼搏，不断地努力，不断地改变自己，不断地把自己变得更强大，方能让自己摘取成功的桂冠。这里说的成功的桂冠，并不是单纯地指要获得财富和金钱。有时候，我们在拼搏的过程中，会收获强大的精神力量，这种力量，能够让我们成为内心强大的人！

阳光总在风雨后。也许你此时正在经历着人生的风雨，品味着拼搏的辛苦，体验着生命中不能承受之重；也许你正在彩虹下，享受着拼搏后的喜悦……不管你身在哪种境况中，我都要告诉你：不要气馁，也不要松懈，咬紧牙关，绷紧全身，继续上路去拼！因为生命的价值在于拼搏，青春因拼搏而精彩！

成熟就是把沧桑打碎吞进肚子里

当我们把所受的痛苦嚼碎咽到肚子里时，这些痛苦会变成一种巨大的精神力量，让自己强大起来。你一定要知道，正是这些没有把我们击垮的磨难，才让我们变得越来越强大。

我30岁那年的秋天，有位记者采访我，采访结束时，他突然问道："纪总，您的年龄比我小，可您的举止谈吐却给人一种成熟稳重，让人有安全感的印象。您能告诉我你是怎么做到的吗？"

我微微一笑，说道："我定义的成熟，您或许不会认同的。我认为的成熟，无怪乎是把过往不堪回首的往事，把过往的沧桑，在无人之时，嚼碎后默默地咽到肚子里去。"

听了我的话，他刚才还在微笑的脸被惊奇所代替，过了好一会儿，他才幽幽地说："纪总，您说得没错。"

我喜欢读书、思考，加之又过早地走上创业之路，亲身经历过很多世事，我深切地感受到：每一个繁花似锦的场面，都经历了暗涛汹涌；每一个鲜艳夺目的成功，都经历了风雨无阻；每一个风光无限的成功者，都经历了黯然伤神。所有的一切，只有经历过的人，才更懂得背后的力量。

在生活中，正是由于我们吃苦的程度不一样，风光程度也会有所不同。所以，越能给自己加码吃苦的人，将来往往越能风光——付出得越多，往往收获也会越多。这是奋斗路上亘古不变的真理。

几年前，我拜访过一个金融界的前辈。在他的书桌上，摆放着他手写的一本厚厚的自传和文件，我不由得很惊讶，问道："您怎么不用电脑？"

他温和地说："七年前，我的前任秘书把我的电脑丢了。"

我不假思索地说："可以再买一台啊。"

他笑了，说道："秘书给我丢的那台电脑里，不但有我写了十几年的自传，还有公司的许多商业机密文件。"

我一惊，他淡淡地说："不久，我得知电脑落在了竞争对手那里。那一次丢电脑，让我的公司险些破产。"

"秘书是不是故意——"

"事情发生了，所有的猜测都没有作用。"他心平气和地说，"秘书的爱人卧病在床，他的女儿面临中考。我宁愿相信他是不小心丢的电脑。因公司即将破产，我就给了秘书一笔钱劝他另谋职业。"

我再惊："您，还这样对待……"

他爽朗一笑："还好，我有一点经验，更可喜的是，我这个人就是厚脸皮，在失败面前特喜欢逞能，这不，拼来拼去，公司在几年后就转危为安了。不过，自此后，我就习惯了用手写东西。"

当时，我看着前辈那一脸大度的笑，想着业内传颂着他温暖的创业故事，内心无法平静。怎么会想到，若干年前，他曾经被自己的秘书无情地"背叛"。而他，却能够在公司面临破产之时，还在为"背叛"者着想。看来，一个成熟的人，懂得把过往的痛嚼碎后咽到肚子里，才能成为现在的宽容大度、一笑泯恩仇的人。

1982年的一天，在澳大利亚墨尔本，一个新生命呱呱坠地。可他带给父母和所有人的不是喜悦，而是极度的震惊：他竟无手无脚，只有一个小小的左脚掌及相连的两个脚趾头！童年，小朋友们的嘲笑成了他的家常便饭，自卑和孤独常使他痛苦不堪。10岁时的一天，他甚至试图在家里的浴缸自杀。

经过多少次艰难的抉择，他终于拾起了坚强与爱，并开始适应自己的生存环境。心之所愿，无事不成，他不但学会了刷牙、洗头、使用电脑，甚至能像常人一样玩滑板、游泳、踢球、钓鱼、骑马，甚至开快艇……而能做到这些，并不是靠练习一两百次就可以成功的，而是需要常人难以想象的坚韧和不停息的努力。

19岁那年，学校举办的一场演讲令他深受感动，一个大胆的想法突然像阳光一样照亮了他的心：我也要学习演讲，给更多的人带去希望！他不断尝试，每一步都那么艰辛，但又是那么坚定！

生活上、事业上他都逐步将自己磨砺成了强人。

如今，这个没有手和脚的年轻人拿到了两个大学学位，获得了澳大利亚“杰出澳洲青年奖”，同时是银行家、CEO、演说家。他在二十多个国家进行演讲，与数百万人分享了自己的故事、经历。他不但成为一位“三尺巨人”，更激励无数身陷困境中的人重新燃起希望之火！

他的名字像他灿烂的笑容一样深深刻进了人们的心里：尼克·胡哲。

每个看似快乐自在的人，往往都经历过不为人知的黑夜；每段潇洒风光的生活，也可能有你看不见的沧桑。差别只在于，是萎靡不振地活着，还是从那些千疮百孔中走出自己的人生。不要嫉妒别人的收获，也别去抱怨自己的一事无成，这不过都是你曾经的选择。

人生的起跑点，其实每个人都是差不多的。之所以后来有的人成功了，是因为他们能够在困难中奋勇努力、勇往直前；而没有成功的人，大多是因为逃避了现实给他的待遇，因此只能一辈子平庸地过日子。

所以，千万不要嫉妒别人的无限风光，那都是他们吃了许多苦才换来的。他们在拼搏的过程中，不知道历经了多少磨难和艰辛，不知道吞咽了多少委屈和伤心的眼泪，才让他们变得坚不可摧。他们的成功经历，就像我们经历的季节，严冬后才是春天，风雪过后才是艳阳天。

成功没有快车道，幸福没有高速路。成功不是一天两天就能换来的，都是来自不倦的努力与奔跑；幸福不是平白施舍与你，而是来自于自己的奋斗和坚持，是要靠自己争取的。

当我们把所受的痛苦嚼碎咽到肚子里时，这些痛苦会变成一种巨大的精神力量，让自己变得强大起来。你一定要知道，正是这些没有把我们击垮的磨难，才让我们变得越来越强大。

现在，请开启爱拼的旅程，相信我们的人生会因为爱拼而变得无比丰富多彩！

磨难的路上站着好运

丘吉尔告诫我们：现实世界无时无刻不存在困难和风险，对于困境，退缩只会导致更大的失败。我们只有敢于面对困境，并且积极进取，才能“柳暗花明又一村”，遇到你渴望已久的“好运”，收获你梦寐以求的希望！

爱默生说：每一种挫折或不利的突变，是带着同样或较大的有利的种子。人的才能不是天生的，是靠坚持不懈的努力，靠勤奋换来的。举世瞩目的科学家霍金就是很好的例子。

史蒂芬·霍金于1942年1月8日出生于英国的牛津，他年轻时就患了绝症，然而他坚持不懈，战胜了病痛的折磨，成为中外闻名的科学家。

霍金在牛津大学毕业后即到剑桥大学读研究生，这时他被诊断患了“卢伽雷病”，不久，就完全瘫痪了。1985年，霍金又因肺炎进行了穿气管手术，此后，他完全不能说话，依靠安装在轮椅上的一个小对话机和语言合成器与人进行交谈。他看书必须依赖一种翻书页的机器，读文献时需要请人将每一页都摊在大桌子上，然后他驱动轮椅如蚕吃桑叶般地逐页阅读……

但霍金不会因为病痛的折磨而放弃对学习的渴望，他正是在这种一般人难以置信的艰难中，成为世界公认的引力物理科学巨人。霍金在剑桥大学任牛顿曾担任过的卢卡逊数学讲座教授之职，他的黑洞蒸发理论和量子宇宙论不仅震动了自然科学界，并且对哲学和宗教也有深远影响。霍金还在1988年4月出版了《时间简史》，如今这书已用33种文字发行了550万册。现在在西方，自称受过教育的人若没有读过这本书，会被人看不起。

磨难是成长路上的必经之点，磨难是使人成功的试金之石，磨难是催人上进的鞭策之绳。歌德说：大祸过后，必有大福。

在人生当中，总是有着不如意，更有着难以预料的苦，也有着不可避免的难。正如巴尔扎克说的“苦难是人生的老师”一样，苦难让我们饱受身体之苦，却教给我们生活的智慧，让我们从苦难中寻找出路，而寻找出路的过程，正是开发我们智慧的过程。当我们寻好了冲破磨难的出路，就会迎来好运，收获意想不到的成功。

正因如此，我们才应该在苦难中有所收获，将苦难视为重要的老师。

1890年，他出生于美国印第安州亨利威尔附近的一个农庄，父亲是当地的工人，家境条件一般。他六岁那年，父亲因病去世，家庭经济变得非常拮据。为了养家，他母亲每天要打两份工来贴补家用。

由于母亲整天忙于工作，照顾弟妹的任务就落在这个年仅六岁的男孩身上了。穷人的孩子早当家，他小小年纪就学会了做饭，并自创出了20种菜的烧法，在邻居间引起反响。

母亲在他12岁时再嫁，他跟继父关系不好，六年级就退学了。为了生计，小学没毕业的他开始从事各种工作，分别做过农场工、粉刷工、消防员、卖过保险、当过兵。这期间，爱学习的他，还得到一个函授的法学学士的学位，并在堪萨斯州担任过一段时间的治安官。

1930年，也就是在他40岁时，他开始创业，在美国肯德基州开办了一家名为Corbin的加油站，为了吸引更多的人来加汽油，他在加油站旁开了一家餐厅，利用自己研制出的一款集合有十一种香料的美味炸鸡来招徕顾客。

因为他炸的鸡块味道很好，所以，来他这里加油的客人络绎不绝。久而久之，方圆百里的人们，都知道他炸的鸡块好吃，甚至因此使得肯德基州变得出名了。1935年，时任美国肯德基州的州长卢比·拉夫给他颁发一枚上校勋章，来奖励他为肯德基做出的贡献。

1939年，他又在加油站旁建了一个汽车旅馆，集中了加油、餐饮、住宿的一条龙服务。为了让旅馆发展更好，他专程到纽约的康奈尔大学学习饭店与旅店的管理经验。

当时，由于他炸的鸡块好吃，顾客经常排队来买。为了缩短顾客等待的时间，他开始改进炸鸡方法，在参观高压锅展以后，他立刻买了一套高压锅回去自行研究、揣摩，终于使炸鸡的时间加快到15分钟出炉。

然而，天不遂人愿，由于美国在二战中后期实行汽油配给制，他的Corbin加油站被迫关门。这样一来，维持全家经济来源的就只有他开的餐厅与旅馆了。

上天仿佛有意要考验他。1950年，危机再次出现，横贯肯德基州的跨州公路的计划被敲定，他的餐厅将被征去。这就意味着，他唯一维持生计的餐厅和旅馆也没有了。这一年，他已经66岁了。

他被迫变卖资产还清了债务，并把银行卡存款全部用来偿还债务，此时的他，从富翁变成一贫如洗的穷人，靠每个月领州政府发放的105美元的救济金生活。

但他没有被突然发生的变故打倒，他告诉自己振作起来，让自己从头开始。

他开着他那1946款的福特汽车，载上高压锅与炸鸡配方，开始了漫漫的求职之路。可是，他几乎把印第安那州、俄亥俄州、肯德基州各大餐厅都跑遍了，他一遍遍地在餐厅表演着他那套熟练的炸鸡技艺，换来的依然是拒绝。

他在经历了1009次的拒绝后，仍然没有气馁，继续下一次的求职。苍天不负有心人，他终于在第1010次时，也就是两年之后的1952年，盐湖城的一家餐厅决定给予他肯德基炸鸡的授权。

1957，为了增加营业范围，他扩大了经营渠道，并在美国、加拿大发展到400家连锁，自此，他的肯德基创世界餐饮加盟连锁的先河。

他就是肯德基的创始人桑德斯上校。多年后，当他说起自己的成功时，他只说了一句话："我相信苦难，因为苦难是一种人人敬而远之的味道，但我喜欢将它夹在面包里慢慢品尝。"

现在，肯德基已经遍布全球80多个国家和地区，目前拥有超过9600家连锁店。

人的一生中总会有让自己觉得是撕心裂肺的苦难，试想一下，自己度过了这么难熬的日子，那么以后，不管遇到再大的苦难，你都会在心里暗暗地激励自己："曾经那么难熬的日子我都挺过来了，现在我还怕什么呢！"

丘吉尔告诫我们：现实世界无时无刻不存在困难和风险，对于困境，退缩只会导致更大的失败。我们只有敢于面对困境，并且积极进取，才能"柳暗花明又一村"，遇到你渴望已久的"好运"，收获你梦寐以求的希望！

很多时候，在我们看似是万劫不复的苦难，也许只是命运跟你开的一个玩笑。命运经常会在你疲惫不堪时，给你一个小惊喜，这种惊喜就是你想要的"希望"，一旦实现，就是好运。所以，无论你走的路有多么难走，都要相信，这一切一定会过去的！一切都会好起来的！当将来有一天，你回头看的时候，你就会发现，当初的迷茫也不过是一瞬间的彷徨，你现在走的路才是最正确的，继续走下去，你将会收到命运给你准备的惊喜和好运。

敢跟困难“拼命”的人赢“好命”

生命力是一种神奇的东西，你若经常用你的生命力对付呼啸而来的困难和痛苦，那么你的生命力就会越变越强大，让你轻而易举地扫清阻挡你前进路上的绊脚石。久而久之，你会强大到让困难见到你就躲。

面对困难，敢跟困难拼命的人，能够改变命运，赢得成功。

初中毕业后，华罗庚曾入上海中华职业学校就读，因交不起学费而中途退学，故他只有初中毕业文凭。

此后，他开始顽强自学，他用五年时间学完了高中和大学低年级的全部数学课程。1928年，他不幸染上伤寒病，靠妻子的照料得以挽回性命，却落下左腿残疾的毛病。20岁时，他以一篇论文轰动数学界，被清华大学请去工作。

从1931年起，华罗庚在清华大学边工作边学习，用一年半时间学完了数学系全部课程。他自学了英、法、德文，先后在国外杂志上发表了多篇论文。1936年夏，华罗庚被保送到英国剑桥大学进修，两年中发表了十多篇论文，赢得了国际数学界赞赏。1938年，华罗庚访英回国，在昆明郊外一间牛棚似的小阁楼里，他艰难地写出名著《堆垒素数论》。

华罗庚能够改变自己的命运，是因为他敢于跟困难“拼命”。在最好的年华辍学后，他没有向困难屈服，而是选择自学；在重病之时，他依然在跟困难做斗争，选择在病中学习……正是他这种舍命与困难拼搏的韧劲，才让他从一个没有任何实力的辍学生赢得了辉煌的成功，成为一个举世瞩目的成功者。

我们不能只想着别人的命好，更要记得，一个好命人的背后，是需要跟困难拼命的。

人总会遇到一些困难，经受各种各样的挫折的考验。英国的贝克说过，困难是一个严厉的导师。是的，只有经历过困难之后才能体会到战胜困难的乐趣和得到成功的经验。一个不怕困难、知难而上的人，在经历困难时勇于拼搏，把困难转化成前进的动力，就可以从拼搏中获得经验，登上成功的高峰；而一个懦弱的人，在遇到困难时只知道退缩，不敢去面对困难，让困难成为自己迈不过去的一道坎、一堵墙，最终将一事无成。

我们这个时代是一个不会埋没人才的时代，只要我们不怕困难，敢于跟困难“拼命”，就能够赢得成功。

我公司的一位业务总监，高中都没有念完。他把简历投到我们公司时，负责招聘的人事经理在筛选简历环节就把他刷下去了。他不知道从哪里找到我的邮箱，给我发了一封自荐信，我破格录用了他。打动我的，是他自荐信中的内容。他在自荐信中是这样写的：

我是一个喜欢跟困难拼命的人：八岁时，我上学要步行十几里地的山路去镇上上学，村里的其他小伙伴嫌路远太累不去。我一个人每天不到六点就走路去上学，春夏秋冬风雨无阻。六年的小学我没有迟到过一次。

小学毕业后，我成为全村有史以来第一个考入县重点中学的孩子。

三年初中期间，因家里经济条件不好，我面临着退学，但我靠着课余时间捡空瓶子、给学校小卖部的人打工完成了初中的学业，并以优异的成绩考入市重点高中。

高一高二，我的学习成绩稳居全校前三名，我的高考目标是北大、清华。那时我觉得，没有什么能够阻挡我上学的路。不幸的是，我在高二下学期患了重病，不得不休学。生病期间，我坚持学习，背完了半尺厚的英汉词典。遗憾的是，高考的那些天，我在做手术。

两年后，我康复了，实在不想让年老的父母因我的巨额医药费外出打工，我就选择了退学。工作之余，我一直没有放弃学习。

我之所以选择贵公司业务部的总监，是因为到目前为止，我是唯一的人选……

他在自荐信最后，把业务部要做的工作流程详细地罗列出来，又画了一个表格，上面标注着对待不同的客户要使用的话术，简直就是一个“跟客户沟通的宝典”。

看完这封推荐信后，我不但为他的专业能力叫好，更佩服他成长过程中克服困难的精神，当场拍板破格录取他。

事实证明，我的眼光是非常正确的。他到公司后的表现，出乎所有人的预料。对他来说，工作中就没有“困难”二字。

在公司的表彰大会上，他作为“优秀干部”发言时，说道：“只要我们拿出跟困难‘拼命’的心态来，天底下没有摆不平的事情。在这个世界上，只要你敢跟困难‘拼命’，就没有什么能够把你打趴下。”

我有一个朋友，腿有残疾，十几年前，他刚来这座城市时，连工作也找不到。而现在，他已经是企业家兼培训师了。他的亲朋好友都夸他“命好”。他在讲到他第一次登台讲课时，说了下面的经历：

我第一次登台演讲时，原定有三百名企业家来听课，结果因为举办方失职，没有通知到位，结果只来了三位企业家。

看着空荡荡的大厅，举办方曾劝我取消今天的课。我笑着说：“不，这三位企业家能够专程来听课，已经令我感动了。我要把我讲课的最好的状态发挥出来。”

那天的课，我讲得非常精彩，讲课过程中，这三位企业家频频站起来鼓掌。

那堂课之后，我在本市企业界名声大震。再举办讲座时，容纳二百人的大厅人满为患，他们大多是第一次听课的三位企业家介绍来的。

这三位企业家曾经当着我的面说："你敢在三名观众前讲课，说明你是一个真正有才的人；你把课讲得那么好，让我们获得了应有的尊重；更难能可贵的是，你讲课时那种亢奋的状态，有一股'不要命'的拼劲，深深打动并感染了我们。"

面临困难时的"拼命"，拼的是一种精气神，这种精气神能让你的气场变得强大起来。一个人们认为"命好"的人，都是有着顽强生命力的人。

对我们大多数普通人而言，不可能一辈子都顺遂如意，但是为什么有的人每天愁眉苦脸，而有些人却能够生机勃勃地翻山过河，保持着阳光的心态继续前行？是因为生命力。

生命力是一种神奇的东西，你若经常用你的生命力对付呼啸而来的困难和痛苦，那么你的生命力就会越来越强大，让你轻而易举地扫清阻挡你前进路上的绊脚石。久而久之，你的强大会让困难见到你就躲。

一个人，只有拥有了这样强大的生命力，才能够拥有永远不会失去的"好命"！

你的汗水和泪水不会白流

“我想要跃入海面我寻起点，看誓言可会改变，年轻的泪水不会白流，痛苦和骄傲这一生都要拥有，年轻的心灵还会颤抖，再大的风雨我和你也要向前冲……”这是《永远不回头》里的歌词，很振奋人心。在这里，我要献给那些愿意和困难拼输赢、愿意为成功流汗水和泪水的“好运”的人——请相信，不要担心你的汗水和泪水流得太多，那是因为你此次的收获是最大的！

在我们周围，经常有人抱怨自己的付出没有收获，埋怨命运不公。当你有这样的抱怨和埋怨时，那是因为你还没有认真、投入地去做一件事情。

如果你沉下心来，让自己专注地做你想做的事情时，你会发现，你今天吃的所有的苦，都是你明天高飞的资本。

我们公司投资拍摄了一部抗日电视剧，在拍摄过程中，剧中的配角因临时出了点状况不能拍后面的戏了。就在剧组为此发愁时，从群众演员中走出一个年轻人，他来到导演面前毛遂自荐：“导演，给我一个机会，我会把这个角色演好的。”

说实话，当时很多人都不看好他，不仅因为他颜值不高，更重要的是，剧中人物体格健壮，而他身材偏胖，个子也稍矮。可因为一时找不到合适人选，加上他又极力自荐自己能胜任这个角色。于是，导演勉强答应让他试试。

看看之前的配角拍的一场场戏，再看看他，与剧中的男配角简直是天壤之别。

没有人看好他。

然而，一个月后，他的出现令所有的人吃惊。他在试镜时，导演看着镜头里的他，当即拍板：“太棒了，就是他了。”

事后我们才知道，他为了演好剧中人物，严格按照健身教练的要求去做：减少食量、吃素食，一有时间就健身。同时，因为剧中的配角是军人，他从多部优秀的军人影视剧里找出经典的军人表情来观摩，每天都对着镜子练面部表情……

在一个月中，他每天睡不到三个小时的觉，有时还会被饿醒，醒后他就对镜练习“军人”式的表情：微笑、发怒等。

这部剧杀青时，导演奇怪地问他：“在这部剧里，你虽然是配角，但戏份不少。你不是专业演员，有时一天拍好几场，在体力方面，是怎么支撑下来的？”

他不好意思地说：“我从十四岁打算当演员开始，每天早上四点起床健身一个小时，晚上八点健身一个小时。现在已经八年了，除了这几天拍戏，我没有落下过一天。我这样做就是为了锻炼我的体力。”

在生活中，我们看到的都是成功者台前的风光，却看不见他们背后独自品味的辛酸。付出和得到永远是成正比的。正如“天底下没有免费的午餐”一样，也没有“白流的汗水和泪水”。你的所有的奋斗和付出，都在人生轨迹里刻下了痕迹，等有一天你准备好了，命运就会让你脱颖而出。所以，你只管埋头前行，只管奋力拼搏，生活绝不会辜负你的努力！

多看看那些嗅到过梦想开花芳香的人吧，他们哪个不是早早就认定方向并默默坚持的？既然弯路不会白走，汗水不会白流，你还在犹豫什么？趁着还有力气，趁着还有热情，多为梦想浇浇水、施施肥吧，假以时日你也一定会闻到花香的。

我们在荧幕上看到的那些已经功成名就的艺人，也是这样的人：

很多人都对李连杰在银幕上的形象非常熟悉，但又有多少人知道他这身帅气的功夫背后付出了多少汗水和努力？

李连杰从小就在武术队训练。有一次，李连杰的教练指导他练习旋风腿，这个动作很难，特别是连续做起来难度更大。当时他的伤刚刚愈合，加上他个子不太高，腿也不长，动作做起来怎么都不到位，他给自己找借口：“还差一点点就成功了。”

教练生气地对他说：“差半点都不行，加练500次！”

500次？所有队员都吓了一跳，在平时加练中最多也只有300次。李连杰只好一次次练习。练到350次时，他已经累得有点眩晕了。有队员想去扶他，但被教练制止了。李连杰只有忍着眼泪继续练，当练完500次时，他累得一下子倒在了地上。

就是从这一天开始，李连杰把“差半点都不行”当成自己的行为准则，每次训练都给自己加码。别人跑10圈，他就跑15圈；别人压300次腿他就压500次。到最后教练担心他运动量太大，不得不限制他。

李连杰的苦没有白吃，他得到了很多荣誉：11岁夺得全国武术比赛少年组的冠军；12岁夺得全国武术表演赛成年组全能冠军；1979年第四届全运会，他在双腿膝盖受伤，一动就痛如刀割的情况下，还夺得武术男子全能冠军。

李连杰的成就大家有目共睹，在电影里他帅气的功夫也让大家都很羡慕。而他的成就，和他从小就懂得比别人多付出，自己给自己加码是分不开的。

《木偶戏》里写道：“台上一分钟，台下十年功。精雕细刻画，技艺夺天工。”没有人能够随随便便成功，每个人成功的背后都付出过比常人多几倍的汗水。

心中有希望，脚下就有路。与其为上天的不公仰天长叹，不如打造属于自己的强者之路，完成自己的人生跨越。要舍得在别人享受的时候自己主动吃苦，在没人监督的情况下主动吃苦，而且还要“加码吃苦”，这样就能让自己比他人更主动付出、多多付出。

也许有人会说：“我做的是简单的重复性工作，很难带来知识的增长和技能的提高。”如果真是这样，你更要提高修养，培养敬业精神，因为这些在你未来的人生中，都会为你带来意想不到的收益。我们做的每一份工作都不是白干的，正如我们的汗水不会白流一样。当你用心地做每一份工作时，你将会关注工作的潜在价值。

卡莉·费奥莉娜是惠普公司前CEO。她从1976年第一份工作开始，到1999年7月底出任惠普公司首席执行官，直到2005年初离开惠普，她独到的领导哲学以及经营能力受到各界推崇与肯定，她曾经连续六年被美国《财富》杂志封为“全球最有影响力的女性”。

卡莉·费奥莉娜从斯坦福大学毕业以后，没有按照父母给她计划的那样学法学，而是从加州大学洛杉矶分校的法学院退学，正式进入职场。

卡莉和大多数毕业生一样，身无分文，加之她学的是历史和哲学，所以，工作并不好找。在经历一次次失败后，终于有一家房地产经纪公司给了她工作机会，卡莉欣喜若狂。

她的工作是在公司前台负责迎来送往、接电话、转电话外加打字，类似于公司的接待员。在一般人看来，从名校毕业做这样的工作，会感到掉价。但卡莉不这样想，恰恰相反，她觉得这份工作奠定了她的职业观。

为了把工作做好，她对这份工作全情投入，把平凡枯燥的工作做得非常出色。一段时间后，她得到了公司上司和同事的赞扬和认可。也就是在做这份工作时，卡莉深深地明白了，任何工作，只要认真去做，并且尽全力做好，就能从中发现更多的惊喜。她认为，在工作中的每一点付出都会有回报的。要想把工作做到最好，必须付出比别人多几倍的汗水。

卡莉·费奥莉娜对工作的态度，奠定了她的职业观，造就了她以后在事业中的辉煌。

“我想要跃入海面找寻起点，看誓言可会改变，年轻的泪水不会白流，痛苦和骄傲这一生都要拥有，年轻的心灵还会颤抖，再大的风雨我和你也要向前冲……”这是《永远不回头》里的歌词，很振奋人心。在这里，我要献给那些愿意和困难拼输赢、愿意为成功流汗水和泪水的“好运”的人——请相信，不要担心你的汗水和泪水流得太多，那是因为你此次的收获是最大的！

第三章

努力坚持你的梦想

梦想是我们的无价之宝

遍体鳞伤是追梦的代价

梦想让你与众不同

努力 + 坚持 = 梦想实现

心存梦想，机遇就会青睐你

梦想的源头是幸福

实干就能成就梦想

梦想是我们的无价之宝

梦想是我们人生的一个目标，也是一个坚持信念的动力。当我们的青春不在时，只要梦想在，我们就能够重回青春，重过那激情燃烧的生活。可以说，梦想是我们的无价之宝。不管什么时候，只要我们怀有梦想，就不用担心失败，更不会害怕没有退路。梦想就像我们人生的指路灯，指点着我们走向人生的辉煌！

我们在年少的时候，最喜欢做的事情就是憧憬美好的未来，一旦有机会要实现时，就表现出一股“不撞南墙不回头”的倔劲，从来不在乎其中的艰难险阻，总觉得自己一定会梦想成真。认定了就去做，看准了就去冲，这样的劲头就像那初生的牛犊，有一股天不怕地不怕的精神，一身的牛胆和牛气，让我们成为“无所不能”的人。

从小到大，马克家里一直都很穷——马克有6个兄弟，3个妹妹，还有别人寄养在他家的一个孩子。虽然马克没有什么钱，但他是快乐而有朝气的。马克知道不管一个人有多穷，他仍然可以做自己的梦。

马克的梦想就是打橄榄球。马克的运气也很好，他的教练是奥利·贾维斯，他不仅自己相信马克，而且还教马克怎样相信自己。他让马克知道了拥有一个梦想和足够的自信会使自己的生活有怎样的不同。贾维斯教练改变了马克的生活。

马克升入高中的那年夏天，一个朋友推荐他去做一份暑期工。这是一个挣钱的机会——有钱就可以买一辆自行车和新衣服，就意味着为他的母亲买一座房子的储蓄的开始。这份夏日的工作对马克来说是极具诱惑力的。

马克意识到如果去做这份工作，自己就必须得放弃暑假的棒球运动，那意味着他必须告诉贾维斯教练自己不能去打球了。马克告诉了教练，他真的像马克预料的一样生气了。

“你还有一生的时间可以去工作。”他说，“但是，你练球的日子是有限的，你根本浪费不起！”

马克低着头站在他面前，努力想向他解释，为了那个替自己的妈妈买一座房子和口袋里有钱的梦想，即使让他对马克失望马克认为也是值得的。

“你做这份工作能挣多少钱，孩子？”他问道。

“每小时3.25美元。”马克回答。

“噢，”他问道，“你认为，一个梦想就值一小时3.25美元吗？”

这句话让马克恍然大悟。那年暑假，马克全身心地投入到运动中去。同年，马克被匹兹堡海盗队挑去做队员，并与他们签订了一份价值2万美元的契约。后来，马克在亚利桑那州立大学里获得了橄榄球奖学金，使他得到了接受高等教育的机会。马克两次被评为全美最佳后卫。后来，马克与丹佛的野马队签署了170万美元的合同。马克终于为自己的母亲买了一座房子，实现了他的梦想。

心怀梦想的人，会满怀希望地在前进的路上一路狂奔。即使遇到狂风暴雨，他们也毫不畏惧。因为他们相信努力的意义，生活终将对他们露出笑脸。

每个人都有过青春年华，都会对青春充满留恋。留恋青春的激情飞扬，留恋青春的拼劲……青春之所以这么美好，是因为青春的我们有梦想！

梦想在，一切都在；梦想在，我们就不会害怕岁月老去；梦想在，我们的未来就有无限的可能；梦想在，当下所有的苦和痛都能忍下去……所以，梦想是我们的无价之宝。

梦想是我们人生的一个目标，也是一个坚持信念的动力。当我们的青春不在时，只要梦想在，我们就能够重回青春，重过那激情燃烧的生活。可以说，梦想是我们的无价之宝。不管什么时候，只要我们怀有梦想，就不用担心失败，更不会害怕没有退路。梦想就像我们人生的指路灯，指点着我们走向人生的辉煌！

遍体鳞伤是追梦的代价

实现梦想往往是一个艰苦的坚持过程，而不是一步到位，立竿见影。一个成就卓越的人，在追求梦想的过程中往往都会被摔得遍体鳞伤，然后换来一种顽强的毅力。他们正是用这种毅力坚持到最后，用这种不服输的精神成为最后的胜利者。

在这个世界上，梦想是我们生命中最美的东西，她能给我们一种魔力，让我们受尽折磨后、遍体鳞伤后，依然对她的爱不改初衷。

我们为什么如此迷恋梦想?

答案很简单，梦想的魔力就在于，没有一颗心会因为追求梦想而受伤，当你真心想要某样东西时，全世界都会为你让路。

居里夫人的梦想是为科学界做出贡献。在追逐梦想的路上，不管遇到多么大的阻力，她都能淡然处之。

1891年，她到巴黎进了巴黎大学，攻读物理学和数学，毕业时成绩名列全班第一。1894年她与皮埃尔·居里相识，对科学共同的热爱让他们相恋，两年后，他们携手走入婚姻。

从1896年开始，居里夫妇共同研究起了放射性。在此之前，德国物理学家伦琴发现了X–射线（伦琴在1901年获得诺贝尔物理学奖），贝克勒尔发现了铀盐发射出类似的射线。居里夫人发现钍（Th）也具有放射性，并且沥青铀矿的放射性比任何含量的铀和钍都要强。居里夫妇于是努力寻找，终于在1898年宣布发现了放射性元素镭。他们最终从8吨废沥青铀矿中制得1克纯净的氯化镭，还提出了–射线（现在已知它是由电子组成的）是带负电荷的微粒的观点。

1906年皮埃尔·居里不幸被马车撞死，居里夫人忍受着失去亲人的痛苦，背负着沉重的生活压力，把她和丈夫共同的梦想延续了下去。

功夫不负追梦人，1910年，居里夫人与德比恩一起分离出了纯净的金属镭。

1914年第一次世界大战爆发时，居里夫人用X–射线设备装备了救护车，并将其开到前线，国际红十字会任命她为放射学救护部门的领导。在她女儿依伦和克莱因的协助下，居里夫人在镭研究所为部队医院的医生的护理员开了一门课，教他们如何使用X–射线这项新技术。

居里夫人的大半生都是在清贫的生活中度过的，包括她的科学试验。提取镭的艰苦过程是在简陋的条件下完成的。对于自己的科研成果，居里夫妇并没有申请专利，就是为了让每个人都能够自由地利用他们的发现。

有人说，拥有梦想只是一种智力，实现梦想才是一种能力。的确，梦想很美好，但追逐梦想的过程却是建立在执着和艰辛之上的，居里夫人为了实现造福于人类的梦想，艰苦地奋斗了一生，才提炼出了纯净的镭。她用她超强的顽强毅力，最终实现了梦想，书写了生命的永恒！由此可见，在追梦的路上，我们是需要付出巨大的代价的，有时甚至是我们宝贵的生命。

人的一生很短暂，是梦想让我们的生活变得丰盈、充实。虽然实现梦想是一个极其艰辛的过程，但是，只要我们不忘初心、不改初衷，无论压力多么巨大，仍然矢志不渝地去追梦，就会发现梦想离我们并非遥不可及。

追梦的过程远比结果更精彩。因为当我们追梦时，会激起体内的潜能，让我们发现更好的自己。

我有一个朋友，他从小喜欢画画，梦想是当一个画家。为了实现这个梦想，他辞掉年薪数十万的外企高管的工作，背着画夹，在十年中几乎游遍了全国的名山大川。他的许多优秀画作都是在这十年中画出来的。

在提到这十多年在外写生的经历时，他说：“最艰难的时刻不是忍饥挨饿，也不是面对冬天的寒冷、夏天的酷热和蚊虫的叮咬，更不是独自走过荒野、爬过一座座荒芜险些丧命的大山，这些外在的苦都算不了什么。最艰难的是撕掉不满意画作时的那种绝望，那是一种精神的折磨，它让我的精神和肉体一样遍体鳞伤，让我生不如死。为了战胜它，我就用不停地画画来转移这种情绪。我想，这样会让我离梦想近一点。事实证明，我这种追逐梦想的方式还挺管用的。”

我的这个朋友现在是国内颇有名气的画家。

在人生布满荆棘的道路上，梦想让我们撑起一片属于自己的晴空，虽然追梦的旅途中，独行的身影很难战胜黑暗的束缚，但我们绝不会轻易倒下，这是因为有梦想的支撑。即使碰得遍体鳞伤，我们也会用剩下的最后一点力气站起来。

实现梦想往往是一个艰苦的坚持过程，而不是一步到位，立竿见影。一个成就卓越的人，在追求梦想的过程中往往都会被摔得遍体鳞伤，然后换来一种顽强的毅力。他们正是用这种毅力坚持到最后，用这种不服输的精神成为最后的胜利者。

莎士比亚说："多灾多难，百炼成钢。"在追逐梦想的过程中，我们会遇到很多困难。这个时候我们难免会抱怨。其实，应该感谢那些给我们磨难的人，正是他们才让我们在追梦的过程中变得异常强大。

拿破仑说："最困难的时候，也就是离成功不远的时候。"追梦的路上，如果遇到了荆棘，你想绕开走这条路的话，就错了。你应该披荆斩棘，就算最后遍体鳞伤，你付出了，总比那些不付出坐收渔翁之利的人挂彩的好看。

梦想让你与众不同

我们要由衷地感谢梦想，是梦想，让我们在现实的冲击之下变得心理强大；是梦想，让我们的努力有了回报；是梦想，让我们在绝望时有了心灵的安慰；是梦想，让我们的漫漫人生之路多了一份光明；是梦想，让我们即使在绝境，也拥有不放弃的坚定；是梦想，让我们的生活充满希望和阳光！

一个有梦想的人，会比那些没有梦想的人更加坚强和勇敢；一个有梦想的人，是靠自己的努力和奋斗来改变命运的。

梦想，让我们在芸芸众生中变得与众不同！

我公司策划部门有一个员工，在工作上对自己的要求特别严格。他每天早一个小时到公司，处理手头上的工作，下班时会晚走半个小时。别看他每天比别人只多用一个半小时来工作，但他的工作业绩却比同事高出好几倍。

同事一个月最多策划两三个项目，每个项目并无特色，并且还要有其他同事协助来完成。他每个月要做10个以上的项目，而且是独立策划完成的。他的每个项目为公司带来的收益非常可观；他的收入自然也比同事高出很多。

他收入很高，可他很少高消费，更不会动不动就任性地“来一场说走就走的旅行”。他把这些钱都用在了学习上。在工作之余，他买了很多书，他还经常到图书馆或参加各种培训班来充电。

有同事问他：“你工作不到两年，跟公司的老员工赚得差不多，怎么还这么辛苦地去拼？”

他说道：“我的梦想是当一个品牌策划人，以我目前的水平是绝对达不到的，所以，我只有高标准要求自己，逼自己学习，才有可能实现这个梦想。因为有梦想陪伴，我不但不觉得辛苦，反而感到过得很充实。”

这就是一个有梦想的人的工作状态：在别人眼里的“辛苦”，在他们看来是“充实”。在这个世界上，没有哪份工作不辛苦，但若是心中有梦，我们就会选择奋斗，即使碰得头破血流也要咬牙坚持下去。因为有梦想就有希望，有希望就不害怕人生中遇到的各种坎坷。

心怀梦想，我们就会无所畏惧，什么样的坎坷都不在话下；心怀梦想的人，是不会计较别人的流言蜚语的。在他们看来，浪费自己的时间跟别人争论，是对梦想的不敬，会让梦想离自己更远。

怀有梦想的人之所以能够与众不同，是因为在熙熙攘攘的人群中，你听不到他们抱怨或叹气的声音，即便遭受了巨大的打击，他们也不会退缩，而是把种种委屈吞下去当作动力。哪怕他们曾经被这个世界残忍地对待，他们仍然不会放纵自己，而是选择更加努力地去奋斗，每天保持着微笑，把当下的每一天，当作永远的起跑线。

我上中学的时候，就梦想着将来自己创业。缘于此，我每天都把大量的时间花在学习上，除了完成老师布置的作业外，我还要求自己看名人传记、管理或经济类的图书，并且要求自己写读书笔记。

有一年春节，家里的亲戚来家里做客，亲戚家的孩子跟我同龄，他们提出让我跟他们出去玩。可因为我一天中的读书计划没有完成，所以，我就没有同意。当时，他们在我家院子里玩游戏，听着他们欢快的笑声，我第一次分心了，从窗户望出去，他们兴高采烈的气氛深深地吸引和感染了我。我多么希望自己也能像那些孩子那样，尽情地奔跑，尽情地欢笑啊！

此时，我的心再也无法平静下来，内心深处孩子的天性被唤醒了，我有一种想跟他们一起玩乐的冲动。

这时，我听到外屋有一个亲戚对我父亲说："大春节的，孩子也该玩玩了。"

我父亲说："我何尝不想让他玩。他不是有自己的梦想吗？所以，他就得比别的孩子少玩。"

"可是，孩子这样多苦。"亲戚感叹。

我听到父亲语重心长地说："每个人都有自己的人生成长轨迹，有的弯曲有的笔直，有的充满乐趣有的布满苦难，这是不能与别人相互比较的。他想实现自己的梦想，只有付出加倍的努力才行。"

父亲的一番话令我豁然开朗。从那以后，我对自己的要求越来越高。大学毕业后，我到金融机构任职。在工作期间，我依然没有忘记开公司的志向。为了能腾出时间创办公司，在工作中，我比谁都认真、努力，因为我知道，把工作做好才有更多的精力从事自己喜欢的事业。

几年后，我终于等到了创业机会，创办了自己的公司。虽然在创办公司的过程中，我遇到过不少坎坷，但是我都坚持了下来。这都得益于我上学和工作时养成的好习惯。

我始终记得父亲的话："你的梦想与众不同，那你就得付出跟别人不一样的努力。"

一个人，只要有了梦想，就有了明确的追求目标，有了明确的梦想热烈地召唤，从而就会有顽强拼搏的激情，和不断进取的坚韧，有了虽经坎坷依然坚定向前的执着，最终便会有成功的人生。

目标与奋斗，在每个人的生命中都是不可或缺的。有时，即使仅仅只是一个绚丽的甚至遥不可及的梦想，也同样可以迸发出神奇的力量，可以推动我们走向梦想的彼岸。

努力+坚持=梦想实现

学会用适合你自己的方式来追逐梦想，锲而不舍地追求梦想，梦想不实现就不要死心。当你有这样的坚持时，你就会成功，因为当一个人满怀信心地去追求时，他的动力是十分强大的，足以完成他做的任何在别人看来不切实际的梦想——因为每个人的潜力是无穷的。

梦想，有时看似无比遥远，但如果我们努力并坚持下去，在经历各种各样的困难和挫折以后，总有一天，梦想会以不同的方式实现的。

我上小学高年级的时候，每次和同学谈论梦想，他们大多会说：

“我想努力学习，考入重点中学，将来考上北大或清华。”

“我想到国外上大学。”……

我的回答是：“我想创办自己的公司，等赚了钱再帮别人赚钱。”

因那时年纪小，我还不知道有投资公司。我只是觉得自己喜欢数字，喜欢创业。

在金融机构工作几年后，我选择了创业，其间的艰辛一言难尽，但我对自己说："不管发生什么，我都要努力做喜欢的事情，并且一直坚持下去。"

现在我经营的投资公司帮助很多公司成功上市——我的梦想实现了。

有时候，梦想不但需要努力，也需要坚持。有很多人，在追梦时做到了努力，却无法坚持下去，最终遗憾地让梦想远离了自己。

提起NBA湖人队的得分后卫科比，可以说是无人不知、无人不晓。他在球队中的领袖作用，他的得分能力，总是让人赞不绝口。他带领湖人队一共取得五次总冠军。他靠的是什么？

答案就是努力+坚持。

现在有些人，一提到"梦想成真"四个字眼睛都发光，人人都想坐上高职位，个个都想拿高工资。凭什么呢？

我告诉你，除了努力外，还有不懈的坚持。

他是一位匈牙利木材商的儿子，生性木讷的他不善言谈，学什么都比较慢。为此，人们给他取了"木头"的绰号。

十二岁那年，他做了一个美梦：因为他写的文章被诺贝尔看上了，有个国王给他颁奖。这个梦是那么美好，他想告诉别人跟他分享，可自卑的他担心别人讥笑他，左思右想后，就把这个美梦告诉了母亲。

母亲温和地对他说："假若这真是你的梦，你就有出息了！我曾听说，当上帝把一个美好的梦想放在谁心中时，他是真心想帮助谁完成的。"

母亲的话给了他动力，从此以后，他心中有了一个梦想：当作家。

他比以前更喜欢读书了，还动笔写起了文章。

“倘若我经得起考验，上帝会来帮助我的！”他怀着这份信念开始了他的写作生涯。

一年过去了，上帝没有来；两年、三年……十年过去了，就在他等待上帝时，希特勒的部队先来了。身为犹太人的他被送进了集中营。

在那里，他一边受着非人的虐待，一边在心里记下了这一幕幕，他对自己说，一定要坚持下去，只有活下来，才能写出好作品。这次灾难让六百万人失去了生命，但他活了下来。

1965年，他终于写出他的第一部小说《无法选择的命运》；1975年，他又写出他的第二部小说《退稿》；紧接着，他又写出了很多优秀的作品。

就在他不再关心上帝是否会帮助他时，瑞典皇家文学院宣布：把2002年的诺贝尔文学奖授予匈牙利作家凯尔泰斯·伊姆雷。他听到后，大吃一惊，因为这正是他的名字。

当人们让这位名不见经传的作家谈谈获奖的感受时，他说：“没有什么感受！我只知，当你说‘我就喜欢做这件事，再多的困难我都不在乎’，这时，上帝会抽出身来帮助你。”

努力和坚持，是一个拥有梦想的人最强大的精神力量。有了这种强大的力量，梦想路上的任何苦难和挫折都会变得微不足道。

不要因为人们的怀疑，就阻碍了你的想象空间，没有人能预料未来的面貌是怎样的。因此，多给自己一个开放的想象空间，就等于多给世界一个无穷的发展机会。

很多年前，飞行还处于螺旋桨式的小飞机时代，这类机型不但无法长时间飞行，而且运载量低，故障率也高。

美国环球公司为了发展航空科技，特别举办了一次有关航空的征文比赛，题目是“我心目中的未来航空”。

有一位名叫海伦的参赛者非常热爱飞行，她认真地写下自己的梦想，她是这么写的：

到了1985年，喷射飞机里将能载运300位热爱天空的乘客，而且最高时速可达700英里，总航程可达5000万英里。有的飞机能自由降落，也能在大楼平台上紧急降落。而我们还可以乘坐着飞机，很快地到达世界的各个角落游玩，像美丽的夏威夷，或埃及的金字塔。旅程缩短了，生命时间也加长了！

充满想象的海伦，还对机场的设施与导航设备等都做了预测。

海伦“梦想”惊呆了所有人，大家都认为她的梦想只是一个梦而已。

直到40年后，创意部门在整理档案时，统计出这些40年前的作品，一共有13000份。

大家在整理阅读时发现这些作品多数非常保守与缺乏创意，直到看见海伦的文章时，大家眼前一亮。

原来，海伦的“梦想”今天已经全部实现。他们决定找到海伦，并对她进行奖励。经过一番周折，他们终于找到了海伦，此时的海伦已经

80多岁，公司把50000美元奖励给她。

如果海伦大胆的想象获得当时评审者的青睐，并给予重视的话，她的梦想也许不必等到40年后才实现。

这则轶闻告诉我们，对于自己的梦想，一定要坚持下去。不能因为别人的嘲笑，就放弃了自己的梦想。即便被别人讥讽为空洞的白日梦，只要认真钻研，敢于追梦，就会有实现的那一天。

学会用适合自己的方式来追逐梦想，锲而不舍地追求梦想，梦想不实现就不要死心。当你有这样的坚持时，你绝对会比别人成功，因为当一个人满怀信心地去做事时，他的动力是十分强大的，足以完成他做的任何在别人看来不切实际的梦想——因为每个人的潜力是无穷的。

所以，请从现在开始相信自己，勇于追求你的梦想，努力，再努力。锲而不舍地坚持下去，你终将实现你的人生梦想!

心存梦想，机遇就会青睐你

只要我们心存梦想，机遇就会无处不在。所以，不要担心会失败，不要害怕没有退路，只要我们心中有梦，只要我们心中涌动着无限的激情，只要我们能够坚持心中的梦想，即使不能干出一番惊天动地的事业，也会让你收获生命的各种惊喜！

心存希望，幸福就会降临你；心存梦想，机遇就会笼罩你。

只要我们心存梦想，机遇就会无处不在。所以，不要担心会失败，不要害怕没有退路，只要我们心中有梦，只要我们心中涌动着无限的激情，只要我们能够坚持心中的梦想，即使不能干出一番惊天动地的事业，也会让你收获生命的各种惊喜！

我有一个朋友，从小是在一个家教严格的大家庭中长大的。他好学上进，学习成绩一直很好，高考时，他还获得了省高考状元，考上了全国一流的名牌大学。

大学里的他品学兼优，每到假期，他就去打工。大三下学期，北京有好几家有名的外资企业向他发出了工作邀请。因为他是他们当地的高考状元，所以，他们当地的事业单位也都向他伸出了橄榄枝。

他却一一拒绝了这些好企业的邀请，选择了自费到国外留学。对于他这一决定，亲朋好友都投出了反对票。

人们劝他："大多数人选择出国留学，是因为可供选择的工作机会不多。现在有这么多好企业要你，而且你选择工作的空间也大，何必还受那个苦呢。"

他说："我从小的梦想是当一个翻译官，虽然我的英语水平在国内是不错的，但我对自己目前掌握的英语水平不满意。我想学一口纯正的英语，就得到欧美国家的那种语言环境中去学习。"

极力反对他的父母以不提供生活费为由阻拦他，他都没有退缩。

他到国外后，虽然父母给他寄了钱，但他没有用，而是靠着去餐馆洗盘子来赚生活费。其间的辛酸非亲身经历的人是体会不到的。

刚到国外时，他因为不习惯国外的生活，曾经遇到过很多困难和挫折。为了省钱，他和人合租；为了学好英语，他换过好几份工作。

为此，他说："在餐馆洗碗，也需要动脑子的。有的餐馆欺生，加上语言交流不畅，你不知道什么时候就招来一场灾难。发生意外时，通常是拿不到薪水的。我最绝望时，是被一位顾客误解后被投诉，导致我当天晚上被老板赶出来。在异国的街头，干了一天活儿却没有吃饭的我又累又饿，觉得路旁的建筑物都比我幸福。要不是心存梦想，我真的想一走了之。"

毕业后，他历经过四次失业，有半月以吃发霉的面包度日。在他卡上仅剩10美元时，他终于找到了工作，这工作正是他梦寐以求的翻译官。

回到自己喜爱的行业中的他，哪里是把自己当员工，分明就是一个不要命的创业者。他有专业知识，在工作中又自学过很多相关知识，再加上他对这个行业的挚爱和领悟，他的潜力几乎要爆表了。

有一年，我到国外时，他请我去他家。在提到这段经历时，他总结说："在我们的一生中，梦想和空气一样是不可或缺的。梦想在，我们才会努力做好手头的事情；梦想在，我们才能够在恶劣的环境中坚持下来；梦想在，我们才会时刻做着迎接机遇的准备。总之，只要心怀梦想，总有一天，你会换回你想要的一切。"

现在的他，是一位年薪七位数字的优秀翻译官。

实现梦想的路上也许有嘲笑，也许有失败，也许有困难，也许有失望……但是都不要放弃，即使失败了，依然应该微笑，然后重新开始。

世界游泳冠军摩拉里很小的时候就对奥运会充满梦想，梦想着自己将来的成功。1984年，一个机会来临了。在洛杉矶奥运会上，他在自己擅长的游泳项目中取得了优异的成绩，但却只拿了亚军，冠军的梦想未能实现。摩拉里没有放弃，他要夺取1988年汉城奥运会金牌。可是，他的梦想在汉城奥运会预选赛时就烟消云散——他竟然被淘汰了。

之后，他把这份梦想深埋在心中，跑到康乃尔去念律师学校了。有三年的时间，他很少游泳，可是他心中始终有股烈焰，他相信自己一定会拿到奥运会冠军。在距离1992年巴塞罗那奥运会不到一年的时候，摩拉里决定再次参加奥运会。很多人认为，在游泳这项属于年轻人的赛事中，他算是高龄了，他想赢得百米蝶泳赛的想法简直愚不可及。

事实上，摩拉里也认识到了这一点，他知道每个参赛选手都是一流的，但是他认为自己更是一流的。他始终保持着这种自信的心态，不停地训练。

1992年巴塞罗那奥运会上，摩拉里真的站在了领奖台上，颈上挂着令人骄傲的金牌。凭着积极心态，实现了自己的冠军梦。他在三十多岁的运动高龄，在属于年轻人的游泳赛事中，点燃了人生的奇迹！他不仅获得了冠军，还创造了一个新的世界纪录。

每个人都有自己想要的生活，为了活得更有意义，都应该努力地在实现梦想的道路上奋斗，在追逐梦想的过程中拼尽全力！

梦想的源头是幸福

人生在世，正是因为每个人对梦想的不同选择，才决定了我们彼此不同的命运。一个奔走在追梦路上的人，虽然很苦很累，但是他是幸福的。这是因为梦想的源头是幸福！

几年前，我在飞机上，听到两个年轻人抱怨。一个说：“一进入大学，我感到特没劲，做什么也不高兴，每天就是在混日子。”

另一个说道：“那是因为你没有梦想。你看我，我的梦想是当一个新闻记者。虽然我学的不是新闻专业，但我在大学期间抽空看了很多相关的书。假期里还到报社打工，干的是送报纸的活儿，赚的钱少不说，还特别辛苦，可我一想到这离我的梦想很近，我心里就特兴奋，感到很幸福……”

我听着他的话，在心里为他叫好。

一个真正热爱梦想的人，不管在何时何地，只要一想到那绚烂的梦想，心中就会油然升起一股美妙的感觉来——这是梦想赐给我们的幸福感觉。

梦想的源头，站着幸福之神。无论你与幸福之神是否相遇，只要梦想在，你就会满心快乐，有幸福的感觉。就像有人说的那样：“一个人至少拥有一个梦想，有一个理由去坚强。心若没有栖息的地方，到哪里都是在流浪。”

有了梦想，你的心不会流浪，而是被幸福包围起来。

小时候，我的梦想就是当一个企业家。一有时间，我就找企业家传记来看。看完一本书，我就思考，梦想自己将来要开办什么样的公司，甚至还用笔画下自己的办公厂房。小学毕业前，我看过的书，摞起来比我还高。令父母担心的是，我看起书来，经常会忘了吃饭。

母亲怕我不按时吃饭会影响身体发育，就问我：“你每天读书，为什么不嫌烦呢？”

我大声回答：“因为我的梦想和书里的人一样，要当一个企业家。”

上中学后，我的梦想清晰起来，就是想当一个投资者。毕业后，虽然我的工作不错，也是我喜欢的金融行业。但我仍然在几年后，毫不犹豫地选择了创业，创业过程中，我吃了不少苦头，但我一点不觉得累，反而感到很幸福。

一个人的辉煌成就多半是在青春时期创造，或打下基础。因为青春时期的我们拥有奋斗的激情和不达目的不罢休的倔强劲儿。

在日本，有一家名叫“天边”的居酒屋（日式餐厅）。这个餐厅与众不同。每位顾客在打开餐厅门的瞬间，你就能听到六七名迎宾职员的齐声招呼“欢迎光临！”就连厨房的师傅们也热情加入了饭厅服务员的行列，一起问候出现在店门口的顾客。

我观察到，他们对每一位出入的顾客都是如此。当饭桌前的顾客称赞师傅的厨艺时，所有职员会整齐如一地向着那位发出称赞的顾客送上90度的躬身行礼；当服务生看到顾客准备碰杯时，就会走过来询问准备用什么祝酒词，并且在将内容记下后走开。随后，在顾客碰杯时，所有职员一齐呐喊顾客的祝酒词。有顾客问他们，这样做是不是太麻烦了？他们回答：“这就是我们店里的风格。”

最让人惊讶的是，所有员工都是从早到晚拼命地干活，并且还能做到始终对客人保持微笑。有位顾客曾好奇地问一位职员：“我看你们工作得这么拼命，这里的薪水一定比别的地方高吧？”

这名职员一脸幸福，骄傲地回答：“薪水虽然高不到哪里去，但我们努力工作是因为我们有梦想。”接着，他指向餐厅的墙面。典雅的墙上贴着很多精致的卡片，他说每张卡片上都记载着一位职员的梦想。他自己的梦想就是成为一名优秀的厨师，将来开一家自己的餐厅。

这就是梦想的力量，能让我们在做事情时甘愿付出全力。可以说，梦想是我们向前走的动力。心怀梦想的人，永远是一个幸福的人！有梦想的人，做任何事情都不会瞻前顾后，做什么决定都不会优柔寡断，因为他明白，自己的梦想必须由自己来实现。

梦想，让我们不再视苦难的生活为洪水猛兽，而是觉得那是上天在考验我们对梦想是否真心。不知道从什么时候开始，在一次次苦难面前，我们变得乐观自信、积极向上，成了苦难打不败的“小强”。久而久之，日子也变得充实丰满起来。由此来看，与其说是我们在追逐梦想，不如说是梦想在开启我们的幸福之路。

有了梦想，我们的生活不再枯燥；有了梦想，我们不会远远地羡慕任何人；有了梦想，我们做什么事情都有了目标；有了梦想，我们会成为一个连自己都惊讶的惜时如金的好学之人！

人生在世，正是因为每个人对梦想的不同选择，才决定了我们彼此不同的命运。一个奔走在追梦路上的人，虽然很苦很累，但是他是幸福的。这是因为梦想的源头是幸福！

实干就能成就梦想

再美好的梦想，都需要实干的精神来支撑。我们每个人都应该从实干做起，从现在干起，实实在在做好每件事，用实干成就自己的事业。有了实干精神，梦想才不至于仅限于梦而已！

勃朗宁说过一句话：人类的伟大不在于正做什么，而在于他们想做什么。的确，一个人可以一无所有，但不能没有梦想。因为梦想，我们才屡经坎坷信心不减；因为梦想，我们才历尽磨难前行不止。

然而，再美好的梦想，都需要实干的精神来支撑。我们每个人都应该从实干做起，从现在干起，实实在在做好每件事，用实干成就自己的事业。有了实干精神，梦想才不至于仅限于梦而已！

爱迪生是伟大的发明家。他发明的留声机、电影摄影机、电灯改变了整个世界。他一生的发明共有2000多项，拥有专利1000多项。爱迪生被美国的权威期刊《大西洋月刊》评为影响美国的100位人物第9名。

他反驳那些称赞他是天才的人说："这完全是假话，艰苦的工作才是实在的。我的发明是靠实践得来的，绝不是什么天才。"

当有人问起爱迪生的成功秘诀时，他说："要干，一直干到底，不成功决不罢休，要有毅力才行。"这些话既表达了他从事创造发明的目的，也反映出他为达到目的而付出了何等艰巨的劳动。同时还告诉我们，唯有实干，才有成功。

敢于实干才能成就个人出彩的人生，继而实现人生的梦想和社会价值，我认为这才是梦想的最终归宿。

在实干中追逐梦想。就是让我们要一步一个脚印，不要总想着走捷径。少一些哗众取宠，少一些急功近利，不因浮华而随波逐流，不因挫败而心怀怨气，在坚定的信念下耐得住寂寞，用汗水和智慧来实现梦想。

无论在什么年代，都要以实干赢自信， 以实干论英雄。没有通过实干创造出来的丰硕成果，没有通过实干总结出来的丰富经验，没有实干的精神，就不可能换来美好的明天。

在我身边，经常听到一些年轻人抱怨工作难找，但找到工作后，又抱怨为工作所累，害得他们没有时间去实现自己远大的事业梦想。

但你有没有想过，很多时候，你眼中的事业和梦想，是要立足于现实的。任何一个梦想要激发力量、鼓励奋斗，是离不开现实的深厚基础的；梦想要开花结果、落地生根，更有赖于现实的强力支撑。

如果你想靠自己实现梦想，那么，工作则不失为实现事业和梦想的最好途径。别在最应该奋斗的青春时刻选择安逸，我们必须不怕吃苦，在实干中经受考验，磨炼意志，才能成就梦想！在实干中赢得自信， 在实干中勇于奋进， 在实干中实现梦想！祝福自己吧，因为你拥有你的梦想；为自己感到自豪吧，因为你为梦想插上了勇于实干的翅膀！

第四章

任何时候都不要迷失方向

目标越精准，未来越美好

选定方向，你的人生将有无限可能

拥有什么样的目标，就拥有什么样的人生

别让目标的高度超过你的实力

信念不垮，希望就在

制定计划，专注朝前走

目标越精准，未来越美好

在漫长的人生之路上，我们需要设置好自己前行的目标，有了目标才有前进的动力，有了动力，我们才能激励自己不断地向前冲。

爱默生说："一心向着自己目标前进的人，整个世界都给他让路！"

在漫长的人生之路上，我们需要设置好自己前行的目标，有了目标才有前进的动力，有了动力，我们才能激励自己不断地向前冲。

一个老猎人有三个同是猎人的儿子，在三个儿子中，三儿子猎术高明、身手了得。

有一次，父亲带着三个儿子在草原上打猎。他们在目的地开始行动之前，父亲问三个儿子：

"在打猎之前，你们看到什么了？"

老大第一个回答："我看到了我们手里的猎枪、在草原上奔跑的野兔，还有一望无际的草原。"

父亲摇摇头说："错。"

老二说道："我看到了爸爸、大哥、弟弟、猎枪、野兔，还有茫茫无际的草原。"

父亲仍然摇头："不对。"

老三望着草原上奔跑的野兔，回答："我看到了野兔。"

父亲非常高兴，转身对大儿子和二儿子说，"你们的弟弟之所以枪法准，是因为他狩猎时对猎物的目标定得精准，在他眼里，只有野兔。"

这个故事的道理同样适用于我们管理人生。我们在追求成功时，必须做到对目标给予精准的定位，比如，你想在工作上取得成就，你就得列出要达到的目标。

我公司业务部有8个人，分了4个小组，2个人一个小组。4个小组中，L和J的小组每个月的业绩都能达到100万元的回款率。半年中，他们的回款率比其他3个小组的总和还要多。

在谈到经验时，L说道："我们每个月都会定目标，比如说，这个月定的回款率是100万。我们就朝着这个目标去做。有一次，都到月底25号了，我们才要回50万，还有一半没有要回来。目标就是方向，我们想尽办法向客户要回款，甚至到外地亲自上门拜访。居然在当月的31号成功地要回60万元回款；比上个月超出10万元。"

J总结道："我觉得目标就像工作的指南针，让我们清楚地知道怎样工作才能不偏离方向。只要方向是对的，我们就能顺利地完成所定的目标。"

由此来看，我们定的目标越精准，我们的动力越大，未来也就越美好。那些成功的人，就是因为目标定位比较精准，他们的付出跟收获才成正比。

我们很多人在日常生活中，喜欢幻想和憧憬，每天想着那个虚无缥缈、飘忽不定的目标，并不付诸行动。这样做的结果是，几年后，你还停留在原地，你的目标早成为别人的胜利果实了。所以，一个人要想走好自己的路，一定要锁定目标，并付诸行动。

一场雪后，一位父亲指着远方的一棵树对儿子说："我们一起向着那棵树的位置走，看谁的脚印走得更直。"儿子心想："这很简单，只要脚跟并脚尖一步步走，我赢定了。"

结果出来了，父亲的脚印是笔直的一串，而儿子的脚印却歪歪扭扭不成样子。

儿子忙问父亲原因，父亲说："我在走的时候并没看脚下，只锁定了那棵树的位置，眼睛一直盯着那棵树，这样就很容易地走成了一条直线。"

人一旦有了明确的目标，就有了奔跑的动力，才会在实现目标的道路上少走弯路。一个清楚自己远大志向的人，在工作中是有目标的，他会把全部精力扑在工作上，哪有时间胡思乱想、患得患失？

选定方向，你的人生将有无限可能

有了方向，你做什么工作都不会再盲目，更不会有“这山望着那山高”的心理，这就好比驶在海中的船，如果没有方向，任何风向都不是顺风。当你在工作中有了方向，有了明确的目标，你的努力就不会白白浪费。

无论干任何事情，我们一定都要找准适合自己的方向。对于一艘没有航向的船来说，任何方向的风都是逆风。成功也是如此，你只有选对了方向，再不断地细化前进的目标，按照设定的目标不断推进，一步一步地，成功就会在不远的地方等你。

比赛尔是西撒哈拉沙漠中的一颗明珠，每年会有数以万计的旅游者到这里旅游。可是在肯·莱文发现它之前，这里还是一个封闭而落后的地方。由于这片贫瘠的土地没有树木，居住在这个地方的人辨清方向，所以，这里的人都无法走出大漠。

肯·莱文来后，他用手语问当地人问：“为什么不去看看外面的世界？”每个人的回答都一样：“从这儿无论向哪个方向走，最后都还是转回出发的地方。”

肯·莱文不信，决定亲自做尝试，他从比塞尔村向北走，结果三天半就走了出去。

“我这么快就走了出去，为什么比塞尔人走不出去呢？”肯·莱文感到困惑不解。为了弄清楚原因，他雇了一个叫阿古特尔的年轻人，让他带路。他们带了半个月的水，牵着两峰骆驼，肯·莱文收起指南针等现代设备，只拄一根木棍跟在后面。

十天过去了，他们走了大约八百英里的路程，第十一天的早晨，他们果然又重新回到比塞尔。直到此时，肯·莱文才找到答案：由于比塞尔人不认识北斗星，所以才走不出大漠。

在一望无际的沙漠里，一个人如果只凭着感觉往前走，他会走出许多大小不一的圆圈，最后的足迹十有八九是一把卷尺的形状。而比塞尔村又处在浩瀚的沙漠中间，方圆上千公里的沙漠没有一点参照物，若不认识北斗星又没有指南针，要走出沙漠的确是一件困难的事情。

肯·莱文在离开比塞尔时，带着阿古特尔，并告诉他：“只要你白天休息，夜晚朝着北面那颗星走，就能走出沙漠。”阿古特尔照着去做，三天后果然来到了大漠的边缘。

阿古特尔成为比塞尔的开拓者，他的铜像被竖在小城中央。铜像的底座上刻着一行字：新生活是从选定方向开始的。

由此来看，我们要想让自己的人生变得精彩，就必须选定方向。方向正确，你即便走得慢，也能收获令你惊喜的成功；方向错了，即使你走一辈子，也仍然会是原地踏步。

在生活当中，我们要想取得成功，必须学会在杂乱中建立起秩序来。就像肯·莱文为阿古特尔寻找北斗星一样。在茫茫的沙漠上，当北斗星成为肯·莱文前行的方向时，他辛苦的跋涉才不会徒劳无功。

我的表妹从小喜欢唱歌。有一次，她对我说，想参加中央电视台举办的歌唱大赛。表妹从三四岁时就学舞蹈、音乐，在歌唱方面还是有天赋的。只是上中学后，因为课程紧，她不再像小时候那么学得频繁了。

“你基础好，参加比赛不是还有半年时间吗？你可以利用这半年时间来练习啊。”我鼓励她。

“可是，我听说这次参加的都是一些获过大奖、受过专业训练的人，你说我会不会在初选就淘汰了？”她不无担忧地问我。

“你可以把这次比赛当作一次锻炼，就奔着能进入初赛的目标来训练。”我说，“有了方向，你在训练时，为自己定一个个小目标，比如，第一周，你要在发音上达到什么水平；第二周，你要在歌唱技巧达到什么水平……以此类推，相信六个月后，你能收到可喜的成绩。”

她听后，按照我说的那样去做。半年后，她在试唱时，效果出乎所有人的意料。比赛时，她不但顺利地进入了初赛，在复赛时也取得了不错的成绩。

目标是需要分解的，一个人制定目标的时候，要有最终目标，比如顺利进入初赛，更要有明确的绩效目标，比如在某个时间内发音、技巧提高多少。最终目标是宏大的，它引领方向的目标，而绩效目标就是一个具体的，有明确衡量标准的目标。

当目标被清晰地分解了，目标的激励作用就显现出来了，当我们实现了一个目标的时候，我们就及时地得到了一个正面激励，这对培养我们挑战目标的信心的作用是巨大的。

一个人的潜力是无穷的，他真正的人生之旅是从选定方向开始的。然而，在漫长的人生之路上，要想有所成就，除了有方向，还要为人生的每个阶段设定目标。这样才能在人生之路上建立秩序，找出一个正常的步调，确定一个个目标。等这个如果目标实现了，继续下一个目标。为此，有人说，大的成功是由小的目标铺垫而成的。

美国汽车大王亨利·福特12岁那年，随着父亲驾着马车到城里，偶然间见到一部以蒸汽做动力的车子，他觉得十分新奇，并在心中想着："既然可以用蒸汽做动力，那么用汽油应该也可以，我要试试。"

虽然这是个遥不可及的梦想，但是从那时候起，他便为自己立下了10年内完成一辆以汽油做动力的车子。

他告诉父亲说："我不想留在农场里当一辈子的农民，我要当发明家。"

然后他离开家乡到工业大城底特律去当一名机械学徒，逐渐对于机械有了更深入的认识。工作之余，他一直没有忘记他的梦想，每天劳累地从工厂下班后，仍孜孜不倦地从事他的研发工作。

29岁那年，他终于成功了。在试车大会上，有记者问他："你成功的要决是什么？”福特想了一下说：“因为我有远大的目标，所以成功。”

人生只有一次，我们不但要选对方向，还要尽早设定目标。只有确立好目标才有成就最好自己的可能。列夫·托尔斯泰曾说过：“目标是指路明灯。没有目标，就没有坚定的方向；没有方向，就失去前进的力量。”

一个人要想成功，必须真正深入地分析自己的优势，了解自己的喜好。一旦有了明确的人生目标，你再朝着一个方向持久地努力奋斗，一定能够取得成功。

拥有什么样的目标，就拥有什么样的人生

你拥有什么样的目标，就拥有什么样的人生。所以，你今天站在哪个位置并不重要，但你下一步迈向哪里却很关键。而决定你迈向哪里的，往往取决于你所定的目标的高度。

你拥有什么样的目标，往往就能拥有什么样的人生。所以，你今天站在哪个位置并不重要，但你下一步迈向哪里却很关键。而决定你迈向

哪里的，取决于你所定的目标的高度。

亚历山大说：“基本上，一个人能成为什么样的人不在于他出身如何，而要看他如何造就自己。”这里说的“造就”，就是指我们对自己人生的规划。大部分成功者，在总结成功经验时，他们说得最多的一句话就是：“在做事情前，我会为自己定好清晰的目标。”

人生如大海航行，人生规划就是人生的基本航线，有了航线，我们就不会偏离目标，更不会迷失方向，才能更加顺利和快速地驶向成功的彼岸。好的人生离不开好的规划，成功人生更离不开成功的规划。

规划的好处就在于，我们绞尽脑汁地为要做的事情制定目标，这会让我们在做事情时不至于被动。更为可喜的是，有了目标，我们会为自己的理想而努力，不会过多关注自己理想以外的事情。因此，想创业的人真的成了企业家，想当作家或画家的人也有可能梦想成真了。这就是目标所起的作用。

比尔·盖茨小时候是一个聪明好学的孩子，他特别喜欢读书，记忆力非常好。1967年，盖茨到著名的私立中学湖滨中学去读书。这所中学在20世纪60年代就购置了一台计算机，是美国最先拥有计算机并开设计算机课程的中学之一。

1968年，当比尔·盖茨在湖滨中学第一学期结束的时候，学校开设了计算机课程。有一次，老师带领全班同学到计算机房参观，在老师的指导下，盖茨在计算机上输入了几条指令，这台计算机马上与几公里以外的另外一台计算机联通，信息马上就反馈了回来，盖茨被计算机迷住了。没过多久，盖茨就开始学习设计和编写程序。

由于当时美国的电脑业发展迅速，盖茨和他的好朋友艾伦在湖滨中学时有关电脑的知识已经相当完备，他们的程序编写小组在教师中间都相当有名气。后来，盖茨上了哈佛大学，艾伦则在波士顿找了一份程序设计员的工作。1975年2月，他们完成了第一套微电脑程序的开发。盖茨和艾伦开发的BASIC语言程序，在20世纪70年代已达到了相当高的水平，使用方便且不会一错到底，此外，也不容易引起电脑死机。在此后的五六年间，这套程序一直在市场上居于领先地位。

关于这套语言程序，盖茨曾经说："这是我人生最关键的时刻，我已确定了今后的发展方向。"这也就是说，在这时，比尔·盖茨确定了自己的发展目标。

有了发展目标，就开始向着实现发展的目标去努力。

20世纪70年代中期，当时很多人认为微电脑至多是一种玩具，但盖茨和艾伦却看到了这种"玩具"所蕴含的巨大商机，因为它可以给使用者提供极大的方便，同时它也可以给制造商们提供巨额财富。这种超越时代的想法使盖茨和艾伦迈出了发展的第一步，也是最重要的一步。1975年5月，两个年轻人做出了对世界电脑业的发展具有决定性作用的决定：在亚帕克基市创立微软公司，为各种各样的电脑提供软件。随后，盖茨为了尽快实现自己的人生目标，又做出了一个重要的决定：从哈佛大学退学自主创业。

我们先不说盖茨和艾伦后来的发展，单就他们在这一阶段的经历来说，当他们确定了自己的发展目标，就开始朝着这个目标去努力，包括盖茨从世界著名的哈佛大学退学。他们把人生所有的“赌注”都押上了。

由此看来，制定了什么样的目标往往就决定了你人生的轨迹，目标会成为你的动力，促使你向前进。所以，一定要有远大的目标，只有这样才有成大事的可能，只有小目标、小富即安的人是不能成大事的。

萧伯纳有一句名言：“明白事理的人使自己适应世界，不明白事理的人，硬想使世界适应自己。”人生就是在这种不适应中，调整适应，发展适应的长河中前进的。在人生的每一个漂流中，可能会远离我们的人生坐标。问题在于，我们要学会在远离目标的时候去创造条件，接近目标。

梭罗说，一棵树长到一定的高度，才知道怎样的空气更适合。人也是如此，在人生的道路上，重要的不在于你所处的地位是多么卑微，或者从事的工作多么微不足道，只要你强烈地渴望攀登成功的巅峰并愿意为此付出艰辛的努力，那么总有一天你会喜笑颜开、如愿以偿。

上天对我们每个人都是公平的，但为什么很多人都是平庸一生？其中最大的原因就是因为从来不为自己的人生制定目标，过着得过且过的生活。即使偶尔心血来潮制定目标，也会为自己寻找各种借口不去坚持。正是由于不制定目标，我们才与成功者之间有了差距。

我们再回头看看成功者的十几年前和十几年后：

马云在20世纪90年代，是一个为了工作而四处奔波的人，但在十年后的现在，就成为互联网的先行者，现在已经成为身价几百亿的企业家；

雷军读完大学后，在20世纪90年代开始闯荡计算机市场。他从22岁进入金山，一直工作到38岁，在金山工作了整整16个年头，这期间他完成了金山的IPO上市工作。2010年4月，雷军创办小米。截止到2013年8月的一轮融资，小米估值超过了100亿美元。

看他们的创业经历，我们不难发现，他们之所以能够成功，是因为他们不管从事什么工作，都是在追求卓越，定下的目标也是高标准的。

有一句话叫，你看到目标就看不到障碍，看到障碍就看不到目标，如果你把自己定位一个推销员的话，那么你可能只会推销。但如果你把自己当作是一个爱的传递者，那你就能传递的友爱和热情。

我们只有在明白这个道理之后，才能有目标地工作。

目标带给我们的好处，就是让我们拥有奋斗的动力。无论在什么情况下，如果不能确定一个核心的目标，如果不能朝着这个核心目标的方向努力，那最终的结果就只能是失败。只有在确定了核心目标之后，不断地朝着这个既定的奋斗方向努力，事情才有成功的可能，这也是所有在某一领域取得成功的人之所以成功的先决条件！

别让目标的高度超过你的实力

制定目标是一回事，完成目标又是另外一回事，制定目标是明确做什么，完成目标是明确如何做。与其给自己制定一个高目标，不如根据自己的实力。所以，为自己制定一个合适的目标最重要。

目标越远大，为达到目的，就越需要持续付出不寻常的努力。但是，经过一番艰辛的努力之后，如果仍然离终点很远很远，那就难免泄气。

从心理学的角度看，如果达到目标的过程太长，也就是说，设置的目标过于远大，往往在中途就会遭遇挫折。

1952年7月4日清晨，加利福尼亚海岸下起了浓雾。在海岸以西 21 英里的卡塔林纳岛上，一个43岁的女人准备从太平洋游向加州海岸。她叫费罗伦丝·查德威克。

那天早晨，雾很大，海水冻得她身体发麻，她几乎看不到护送他的船。时间一个小时一个小时地过去，有几次，鲨鱼靠近她了，被人开枪吓跑了。

15小时之后，她又累，又被冻得发麻。她知道自己不能再游了，就叫人拉她上船。她的母亲和教练在另一条船上。他们都告诉她海岸很近了，叫她不要放弃。但她朝加州海岸望去，除了浓雾什么也没看不到……

人们拉她上船的地点，离加州海岸只有半英里！后来她说，令她半途而废的不是疲劳，也不是寒冷，而是因为她在浓雾中看不到目标。查德威克小姐一生中就只有这一次没有坚持到底。

这个故事说明目标要看得见，够得着，才能成为一个有效的目标，才会形成动力，帮助我们获得自己想要的结果。

实际上，制定目标是一回事，完成目标又是另外一回事，制定目标是明确做什么，完成目标是明确如何做。与其给自己制定一个高目标，不如根据自己的实力。所以，为自己制定一个合适的目标非常重要。

几个人在湖边钓鱼，好长时间都没有人钓到鱼。突然，其中一名垂钓者竿子一扬，钓上一条足有三尺长的大鱼。就在大家惊诧之时，却见钓者解下鱼嘴内的钓钩，把鱼扔回了湖里。

“不会吧，这么大的鱼都不想要？”有人小声惊呼。

“人家的目标或许是更大的鱼呢。”另一个人回答。

大家静等着看钓者钓大鱼。过了一会儿，只见钓鱼者又钓到一条比刚才还要大的鱼，他想也没有想，就把鱼扔到水里了。

钓者第三次钓的鱼是一条不到一尺长的小鱼，就在大家感到惋惜之时，只见钓鱼者把鱼从钩上解下，满意地放进自己的鱼篓中。

大家对此百思不得其解，有人忍不住问："你为什么不要大鱼，而要小鱼呢？"

对方回答："哦，是这样的，我家里最大的盘子只有一尺长，太大的鱼钓回去，盘子放不下。"

这个故事从另一个角度很好地诠释了适合的目标对人的重要性。在人生的道路上，目标不分大小，贵在找到适合自己的目标。否则，将永远挣扎于不满意的情绪之中。与其中途放弃所定的目标，不如一开始就不要制定不能实现的目标。

当我们制定的目标与自己的实力相符时，会让我们的每一天都过得非常充实，当我们接近自己的目标时，就像跨过了一座小山。小小的成就感会让我们对自己充满信心，干劲十足。

看到这里，你可能会问："与自己实力相符的目标，很快地达到后，不就没有了斗志吗？"

这个问题很好解决，我们可以制定等级不同的目标，即一个目标比一个目标大。如图4-1：

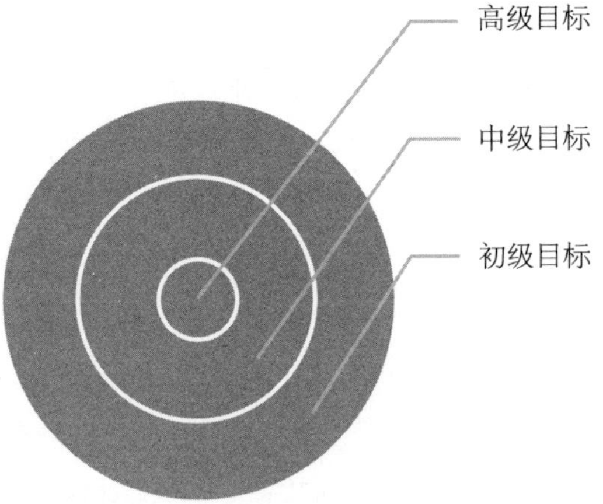

图4-1

制定等级目标后，我们的目标会更加明确，精力会更加集中，随着一个个目标的实现，不但会让我们收获成功的喜悦，还会激发斗志。所以，莎士比亚曾提倡人们，在任何时候都要为自己未来的发展定下明确的目标，然后再围绕着这个奋斗方向踏踏实实地不断努力，只有这样，才能获得成功而不是纸上谈兵。

当你实现目标时，一定要犒劳自己、奖励自己，再向下一个新的目标前进！

对于发展目标的制定，有一点很重要：你的发展目标一定要尽可能地具体。如果你的发展目标不具体，你就无法衡量它是否能实现，已经实现了多少，这些都会降低你努力前进的积极性。所以，一定要尽可能具体地制定发展目标。

当你制定具体的发展目标以后，目标就会在你的生活中发挥很大的作用。它会成为你努力的方向，就像长跑运动员面对的一个个里程标志。随着小目标的一个个实现，你会有一种成就感，这种成就感会促使你向新的目标全力冲刺。随着终极目标的一点点接近，你会发现具体的发展目标让你更具活力、更加积极，也更接近成功！

信念不垮，希望就在

这个世界上没有谁能使你倒下，如果你的信念还没倒的话。生活还得继续，就算为了可能的绽放，我们也不能放弃希望。人生就是爬坡，放弃比选择更难。未来是美好的！

对每一个人来说，拥有明确的目标，就好比拥有坚定不移的信念。在充满坎坷的人生之旅中，目标就是动力，目标就是信念，只要目标在，信念不垮，我们成功的希望就一直存在。

人是自然界最伟大的动物，无论哪一个人，无论现在他在做什么，他都是独特的，唯一的。他有自己的思想，他主宰自己的行为，他决定自己的未来。

当失意时，不用沮丧，只要你有目标，就会有奋斗的方向；只要你有目标，你就有了坚定无比的信念；只要信念不垮，希望就像黑夜中的星星，为你照亮前方的路。即使你遭遇再多的困难，都不会停止前进的步伐。

只要心中有目标，就有信念，有信念，就有希望。希望在，无论遇到什么事情，就不会轻易放弃。

生下来就一贫如洗的林肯，终其一生都在面对挫败，八次竞选八次落败，两次经商失败，甚至还精神崩溃过一次。好多次，他本可以放弃，但他并没有，也正因为他没有放弃，他才成为美国历史上最伟大的总统之一。以下是林肯进驻白宫前的简历：

1816年，家人被赶出了居住的地方，他必须工作以照顾他们；1818年，母亲去世；1831年，经商失败；1832年，竞选州议员但落选了；1832年，工作也丢了，想就读法学院，但进不去；1833年，向朋友借钱经商，但年底就破产了，接下来他花了十六年才把债还清；1834年，再次竞选州议员，赢了！

1835年，订婚后即将结婚时，未婚妻却死了，因此他的心也碎了；1836年，精神完全崩溃，卧病在床六个月；1838年，争取成为州议员的发言人，没有成功；1840年，争取成为选举人了，失败了；1843年，参加国会大选落选了；1846年，再次参加国会大选，这次当选了！前往华盛顿特区，表现可圈可点；1848年，寻求国会议员连任失败了！

1849年，想在自己的州内担任土地局长的工作，被拒绝了！1854年，竞选美国参议员，落选了；1856年，在共和党的全国代表大会上争取副总统的提名，得票不到一百张；1858年，再度竞选美国参议员，再度落败；1860年，当选美国总统。

“此路艰辛而泥泞。我一只脚滑了一下，另一只脚也因而站不稳；但我缓口气，告诉自己，这不过是滑一跤，并不是死去而爬不起来。”林肯在竞选参议员落败后如是说。

给自己定一个目标，就让自己有了坚强的理由。目标在，信念在，希望也在，有希望就有成功。每天给自己一个希望，就是每天给自己一个目标，给自己一点信心，给自己一点激发生命激情的催化剂，给自己的人生一个美好的支撑点。影响我们人生的绝不仅仅是环境，其实是心态在控制一个人的行动和思想。同时，心态也影响着一个人的事业和成就，甚至一生。

很久以前，为了开辟新的街道，伦敦拆除了许多陈旧的楼房。然而新楼的修剪却久久没有开始，旧楼房的地基在那里任凭日晒雨淋。

有一天，一群自然科学家来到了这里，他们发现，在这一片多年来未见天日的地基上，这些日子里因为接触了春天的阳光雨露，竟长出了一片野花、野草。奇怪的是，其中有一些花草却是英国人从来没有见过的。它们通常只生长在地中海沿岸的国家。

这些被拆除的楼房，大多是罗马人在很久很久以前，沿着泰晤士河进攻英国时建造的，大概花草的种子就是那个时候被带到了这里。它们被压在沉重的石头砖瓦之下，一年又一年，几乎已经完全丧失了生存的机会。但是令人感到意外的是，它们一旦见到了阳光，就立即恢复了勃勃生机，绽放了一朵朵美丽的鲜花。

一粒粒小小的种子，在风雨飘摇的世界中，承受着成长的巨大压力，仍然默默地蓄存着力量，哪怕是被挤压数百年，依然蕴藏着生的希望。一旦遇到阳光照耀，一旦得到雨露滋润，它们就爆发出勃勃的生命迹象，绽放出坚强的生命之花！

只要心中有希望，一粒种子尚且具有如此顽强的生命力，何况我们人呢？生命依附于希望，信念支撑着希望，而目标能滋生信念。拥有明确的目标，你会相信自己能行，并且驱使你带着无比坚定的信念奔向目标。

有一年，一支英国探险队进入了撒哈拉沙漠的某个地区，在茫茫的沙海线里跋涉。阳光下，漫天飞舞的风沙像炒红的铁砂一般，扑打着探险队员的面孔。口渴似炙，心急如焚——大家的水都没有了。这时，探险队长拿出一只水壶，说："这里还有一壶水，但在我们大家穿越沙漠前，谁也不能喝。"

一壶水，成了穿越沙漠的信念之源，成了求生的寄托目标。水壶在队员手中传递，那沉甸甸的感觉，使队员们濒临绝望的脸上又露出了坚定的神色。终于，探险队顽强地走出了沙漠，挣脱了死神之手。大家喜极而泣，用颤抖的手拧开那壶支撑他们的精神之水——缓缓流出来的，却是满满的一壶沙子。

炎炎烈日，茫茫沙漠，既没有人体的生命之源之水，又没有维持生命的食物，他们依然能够与死神擦肩而过，创造生命的奇迹。这并不是那一壶冒充水的沙子救了他们，而是他们心中无比坚定的信念，信念像一粒种子一样，在他们心底生根发芽，最终帮助他们走向目的地。

对于我们每个人来说，目标是一种外在的、具体的、实际的表现，信念则是一种内在的、抽象的、含蓄的表现。现实生活中的目标就像一个运动靶子，假如我们没有认定目标的决心，内心没有坚定的信念，希望就会慢慢消失。外在的言行可能成为我们生活中的一个定点，也就是我们平常说的目标。心里有了对这个目标的向心力、凝聚力，才会对它产生一种激情，去追寻它、实现它、发展它，这种激情是源于对自己内心表现的一种认可，是自身价值在社会中所体现出来的一种认可，是对信念的一种表现形式。

其实，人生从来没有真正的绝境。无论遭受多少艰辛，无论经历多少苦难，只要一个人的心中有着信念的种子，那么总有一天，他就能冲出困境，让生命重新开花结果。

制定计划，专注朝前走

美好的人生是计划出来，从现在开始，为自己制定可行的计划，向着美好的人生稳步前行！

新东方的创始人之一徐小品曾经说过这样一句话：“人生没有设计，你离挨饿只有三天。”这句话虽然听起来有些夸张，但在竞争如此激烈的当今社会，“人生计划”已经是毋庸置疑的幸福之道了。

令人遗憾的是，很多人是没有按照自己的意愿生活的。

在20个世纪中期，哈佛大学著名的社会学教授对即将毕业的1000名学生做了一个访谈，问题很简单：“你对自己未来的人生有什么规划？”

访谈结果是，只有不到百分之四的学生对自己人生有清晰的规划，大约还有百分之十六的学生虽然有规划，但是目标不是很明确。

30年后，这位教授又访问了当初的这些学生，除了35名学生由于特殊原因联系不上，剩下的学生都取得了联系，该教授通过对他们的健康、家庭、事业、情感、财务等多项指标的统计，发现一个很有趣也很惊人的结果。

实验结果表明，有清晰规划的那百分之四在以上各项指标的分数都是最高的。他们不仅身体健康，家庭美满，事业成功，更令人羡慕的是，他们财务自由。

而百分之十六的那些人，成为各个行业里的专业人士，虽然薪水很高，但是其他方面多多少少都有些不如人意，最大的特征就是身心疲惫。

在这个试验中，所占人数比例最大的是那些没有任何规划的人，这些人有百分之八十。这些人一般在工作几年之后有些存款了就不想再努力了。因此，他们大多数都是平凡的公司职员，没什么超凡的成就，甚至还有人靠政府的救济过日子。

可见，就算是哈佛大学毕业的高才生，也不见得人人都能成功，更何况是我们这些普通人呢。相信我们每个人都想成为那百分之四的幸福的人，那我们有跟他们一样清晰的人生规划吗？

这个社会很残酷，没有计划的人往往被规划掉，而用心规划的人生才更容易获得幸福。

我在公司给员工做培训时，经常看到许多职场新人在刚开始参加工作时，上司安排什么就做什么，不为自己制定任何计划，仿佛上班不是为了自己，而是为了上司。过了几年，有些员工意识到计划的重要性，于是在制定计划时反复思考，把计划做得非常详细。

有一次，一个年轻学员把他的计划拿给我看时，我发现他的一年里列举了好几个目标，而且都是结婚、买房、买车、升职这样的大目标。

他告诉说，他每天早上一睁眼，这几个目标就闯进他的脑海里 ，让他感到压力非常大。一年下来，他的确获得一些小成就，但生活得毫无幸福可言。

我认为，我们在制定年计划时可以给自己定下3～5个目标，但对于完成的时间及情况不要写得那么明确。

想挣一千万和想挣一亿的人，他们赚钱和花钱的方式一定不一样；想攻读更高学位的人和大学一毕业就想踏入职场的人，在学习的质量上肯定有所差别。之所以有这个差距，就是因为我们是否对人生有计划。当有了计划，我们才会按照自己设计的路踏实、一步一个脚印地走下去，我们的人生才不会迷茫。

最后我想说的是，制定计划是为了让我们的生活更充实，更有意义，而不是被计划束缚。所以，制定计划的时候要预先留出娱乐时间，比如看电影、K歌、读书、聚会等。

请让我们相信“美好的人生是计划出来”的这句话，从现在开始，为自己制定可行的计划，向着美好的人生稳步前行！

第五章

在逆境中积蓄反弹的力量

逆境让勇敢的人更勇敢

厄运酝酿奇迹，忍耐必有惊喜

挫折是磨炼人格的最高学府

挺住，你和成功只有一步之遥

通往繁华有一段荒凉的路程

低谷是积蓄力量的最好时机

逆境让勇敢的人更勇敢

雨果说过，没有风暴，船帆只不过是一张破布。人的成熟过程也是如此，只有经过逆境的磨砺，才会深刻体会成功的价值。可以说，逆境是成才的必由之路，也是冶炼人才的大熔炉，它能让勇敢的人变得更加勇敢。

茨威格曾说："勇敢是处于逆境时的光芒。"身处逆境时，我们唯一要做的就是让自己变成一个勇敢的人，大胆地面对一切的挑战，这样才能创造出生命的奇迹。

我八岁的时候，有一次，跟着父亲到乡下的亲戚家做客。饭后，我跟亲戚家的小孩到山上玩耍。当时正是夏季时分，山上树木茂密，杂草丛生。

在进山的路上，亲戚的哥哥嘱咐我："这座山很大，容易迷路，你要随时跟在我们身后。”开始，我听话地跟在他们后面。等进了山，我立刻被这里的风景吸引了，玩得兴起时，不知不觉地与亲戚家的哥哥弟弟们走散了。

我被困在一个四面是树的山谷里，就在我寻找出去的路时，一条吐着红舌头的眼镜蛇从树丛里钻出来，吓得我惊叫起来。我知道这是一条毒蛇，如果被它咬伤后就没有命了。我一边绝望地想，一边惊恐地看着向我靠近的蛇，心想这下完了。

就在我束手待擒时，心中闪过一个念头：“不能这么便宜了这条毒蛇。”想到这里，我开始奋起反抗，我飞快地环顾了一下四周，看到地上有很多大石头，我担心用石头直接打蛇不好瞄准，就飞快地脱掉上衣，以迅雷不及掩耳的速度盖住蛇，然后拿起石头用力砸它。

当我被亲戚家的哥哥们发现时，那条毒蛇已经被我打死了。

父亲知道此事时，惊讶地说：“你不是一直很怕蛇吗？今天怎么变得这么勇敢，还敢跟蛇打斗呢？”

此时我才记起我原来是害怕蛇的。

“那时候就我一个人啊。”我想了想回答，“我只有变得勇敢，才能活命啊。”

这件事对我的影响很大，同时也让我明白一个道理：人只有在逆境中才能奋起。所以，当我们身处逆境时，我们唯有让自己变得勇敢，才能够在绝境中看到希望。

在巨大的困难面前，人们往往可以快速长大和成熟。所以，不要害怕逆境，它会让你不再惧怕其他灾难和磨难，让你在面对死亡和生活时，不再无所畏惧，而是发现生命的可贵和坚强。

在以后的日子里，每次遇到困难时，我都会无比坚定地对自己说：“来吧，逆境，我感谢你锻炼了我，让我变得更加勇敢。”

1995年，37岁的几米遇到人生一个重大事件——罹患血癌。凭借对美好世界的热爱和内心强大的力量，他最终战胜病魔，在生命的长河中逆流而上，成为台湾最著名的绘本作家。

几米在自己的作品《我的心中每天开出一朵花》里写下这样的话：落入深井，我大声呼喊，等待求援……天黑了，黯然低头，才发现水面满是闪烁的星光，我总是在最深的绝望里，遇见最美丽的惊喜。我在冰封的深海，找寻希望的缺口，却在午夜惊醒时，蓦然瞥见绝美的月光。

“我有着向命运挑战的个性，虽是屡经挫败，我决不轻从。我能顽强地活着。活到现在。就在于：相信未来，热爱生命。”

上面的语句是几米写给自己的内心，也是写给世界上第一个追问人生意义的人。

在绝望处看到希望，终究看得见天空中那颗属于自己的星星。人生在世，每个人都会经历或看到这类不幸的事实发生：很多有目标、有理想的人，他们工作，他们奋斗，他们用心去想、去做……但是由于过程太过艰难，他们越来越倦怠、泄气，终于半途而废。到后来他们会发现，如果他们能再坚持久一点，如果他们能再看得远一点，他们就会终得正果。请记住：永远不要绝望，就算看似绝望了，也要再努力，从绝望中寻找希望。

年轻时的海明威，通过美国红十字会申请上战场杀敌。当他所在的战壕被迫击炮轰炸时，海明威受了重伤。旁边的意大利士兵因伤势过重痛苦号啕时，海明威不顾自己的伤势，义无反顾地背着这位中弹的士兵硬撑着到了指挥站，他却因精疲力竭陷入昏迷中。

第二次世界大战时，海明威再次放弃安逸的生活，不顾生命危险，前往巴黎当战地记者，记录战争中最真实的故事。

正是在战场上跟死神的屡屡接触，正是无数次被困于逆境中不能自拔的经历，让原本就果断勇敢的海明威变得更加勇敢，当他一次次冲破逆境时，他也就向成功一步步靠近了。正是这些经历，让海明威的文学作品与众不同。

托尔斯泰说过：“环境，愈难艰困苦，就愈需要坚定的毅力和信心，而且懈怠的害处就愈大。”天空不会总是蔚蓝，道路不会总是平坦，生活里有太多的苦难和挫折，但是只要有信念、勇气、智慧和毅力，就能点燃成功的激情，不断走向成功。

雨果说过，没有风暴，船帆只不过是一张破布。人的成熟过程也是如此，只有经过逆境的磨砺，才会深刻体会成功的价值。可以说，逆境是成才的必由之路，也是冶炼人才的大熔炉，它能让勇敢的人变得更加勇敢。正如人们所说，凤凰只有在浴火中才能涅槃，海燕只有在暴风雨中才能搏击。

对于我们大部分人来说，人生的逆境莫过于高考失利、考研泡汤，毕业即失业，就业在最低层，没钱、没房恋人分手，突然被解雇，家人重病离世……这些逆境有时甚至以不同的排列形式组合出现在我们的生活中，犹如一道道酷刑使得我们奄奄一息，仿佛自己的人生走到了末路。

然而，逆境一方面给人以困苦、饥饿、疲乏、忧虑、阻碍，让你觉得事事不如人意，另一方面，也正是由于这些困难，让你变得勇敢起来，使你在不断克服困难求得生存发展的过程中增加了聪明才干，锻炼了意志来应对艰难，最终得以成才！

厄运酝酿奇迹，忍耐必有惊喜

培根说，奇迹多在厄运中出现。在我们的人生历程中，即使事事如意也难免会有不顺的时候，这时就需要我们忍耐，在忍耐中磨砺自己的心性和智慧，在忍耐中坚持和努力，必能使你创造奇迹！

厄运并不可怕！关键是看你如何面对。有位名人说："交好运时要谨慎，遭厄运时要忍耐。”厄运来临的时候，我们要做的就是忍耐，在忍耐时不但要保持清醒的头脑，还要仔细想清楚厄运产生的原因，然后采取积极有效的防范措施，把厄运带给我们的损失降到最低点。

当厄运来临时最重要的一点，就是要有良好的心态去面对它，不要怨天尤人。我们常常左右不了外部的世界，但是，我们可以把握住自己的心态，也就能把握一个美丽而安宁的精神世界。

他是一个穷苦人家的孩子，有七个兄弟姐妹中，因为身体瘦弱，他隔三岔五地生病。上学后，他的学习成绩也不好。

有一天，他在电视上看到介绍伟大的高尔夫运动员尼克劳斯时，他得到很大的鼓舞：“我也要像尼克劳斯一样，当一个伟大的职业高尔夫运动员！”

他请求父亲给他买高尔夫球和球杆。父亲无奈地说：“孩子，高尔夫球是有钱人玩的。咱们这么穷，玩不起。”

他只好向母亲求助，母亲就对父亲说：“我相信孩子会成为优秀的高尔夫球手。”说完，母亲柔声对他说：“儿子，等你成为职业高尔夫球手后，就给妈妈买栋别墅，好吗？”他睁大眼睛，朝母亲重重地点了点头。

没有钱的父亲就给他做了一个球杆，然后在家门口的空地上挖了几个洞。他每天都用捡来的球玩一会儿。

中学时期，他遇到了后来改变他一生的体育老师里奇·费尔曼。费尔曼发现了这个黑人少年的天赋，于是建议他到高尔夫球俱乐部去练球，并帮他支付了1/3的费用。仅仅3个月，他就成了奥兰多市少年高尔夫球的冠军。

高中毕业后，他幸运地被斯坦福大学录取了。暑假期间，他的一个要好的同学来他家玩，说他有个哥哥所在的旅游公司有一艘豪华游轮正在招服务生，薪水很高，每周有500美元，问他是否有意去应聘。他动心了："家里实在是太穷了，我要帮父母赚钱养家。"

里奇·费尔曼帮他联系了一家高尔夫球俱乐部，但他不好意思地告诉老师："我打算工作了，这样能帮家里减轻一点负担。"

里奇·费尔曼沉吟半晌，才说道："孩子，我知道你有自己的难处。但你忘了你的梦想了吗？你要学会在忍耐，寻找克服困难的方法。"

他愣了一下，过了好一会，他才红着脸说："我想当一个像尼克劳斯一样的高尔夫球运动员，挣很多钱，给母亲买一栋漂亮的别墅。"

里奇·费尔曼对他说："你现在就去工作，立刻就可以每周挣到500美元，但是，你的梦想就只值每周500美元吗？"

18岁的他被老师的话震惊了，心里反复默念着老师的话。那个假期，他自觉地投入到了训练中。在当年的全美业余高尔夫球大奖赛上，他成为该项赛事最年轻的冠军。

3年后，他成了一名职业高尔夫球手。

他是迄今为止最伟大的高尔夫球运动员，他正创造着高尔夫球的神话：1999年，他成为世界排名第一的高尔夫球手；2002年，他成为自1972年尼克劳斯之后连续获得美国大量赛事和美国分开赛冠军的首位选手。从1996年出道至今，他总共获得了39个冠军。

如今，他以1亿美元的年收入成为世界上年收入最高的体育明星之一。

他前后给母亲买了六栋别墅。他就是“老虎”伍兹。

培根说，奇迹多在厄运中出现。在我们的人生历程中，即使事事如意也难免有不顺的时候，这时就需要我们忍耐，在忍耐中磨砺自己的心性和智慧，在忍耐中坚持和努力，必能使你创造奇迹！

生活中有千万般的烦恼，我们不可能全部解决，只有学会忍耐、解决烦恼。当忍耐炼成钢水，烦恼剑就不再锋利。原来，人生如此简单如此容易！

成功真的需要忍耐、坚持、历练。忍耐包括两层含义：一是“忍受”；二是“继续做下去”。前者意味着无可奈何地承受自身的痛苦，当有人侮辱你的时候，虽然你心里很想给对方一巴掌，但还是会忍住这种冲动，装作没听见，这就是“忍受”；后者表示不屈服于种种障碍，仍然继续不停地做属于自己职责的工作。对于成功者来说，他们所必备的素质，不是“忍受”，而是“继续不停地做属于自己职责的工作”。美国诗人朗费罗说：“只要在门上敲得够久，够大声，终会把人唤醒的。”

忍耐是成功过程中必要的手段。如果有两个势均力敌的人比赛，他们中成功的那个人，有可能不是智力高的人，而是忍耐力强的人。

我们虽然生活在同一个世界，人生的境界却千差万别。要提高自己，必须忍耐一个痛苦的过程。“苦其心志，劳其筋骨”，是成功者的必经之路。

忍字头上一把刀，忍耐是会有痛苦的；忍字下面一颗心，忍耐会让我们内心经受痛苦的煎熬。忍耐是命运对我们的考验，她让厄运来检验我们对成功是否忠心；忍耐又如我们手中的刀子，不小心地伤到了自己，需要时间来让伤口慢慢愈合……知道了这些，就不要再害怕厄运，记住，学会忍耐，学会在忍耐中寻找解决的方法，最终会让我们头上的乌云烟消云散，见到那明媚的阳光！

挫折是磨炼人格的最高学府

学会接受挫折，因为它能让你的生命力更加坚韧不拔；坦然地与挫折对抗，因为顽强的意志需要磨难来炼就；敢于与挫折顽抗到底，因为挫折让脆弱的生命一点点顽强，直到有一天变得坚不可摧。从挫折中变身坚强的你，即使你遇到再大的暴风雨，也不会退缩，而是微笑着面对。

梁启超说，患难困苦是磨炼人格之最高学校。古往今来的成功者，都是在经历各种挫折、磨难后，才铸就自己坚毅的人格。这种可贵的品质，是他们奔向成功之路的通行证。

每个人的生活都不是一帆风顺的，在这条布满荆棘的道路上，充满着我们无法预测的困难、挫折。在面对这些困难、挫折时，我们唯有学会接受它、克服它、战胜它，方能顺利地向着美好的未来冲刺。

博迪是法国的一名记者，1995年他突然心脏病发作，导致四肢瘫痪，而且丧失了说话的能力。

被病魔袭击后的博迪躺在医院的病床上，头脑清醒，但是全身的器官中，只有左眼还可以活动。可是，他还是决心要把自己在病倒前就开始构思的作品完成并出版。

出版商便派了一个叫门迪宝的笔录员做他的助手，每天工作6小时，给他做笔录。博迪只会眨眼，所以就只有通过眨动左眼与门迪宝沟通，一个字母一个字母地向门迪宝背出他的腹稿，然后由门迪宝抄录出来。

门迪宝每一次都要按顺序把法语的常用字母读出来，让博迪选择，如果博迪眨一次眼，就说明字母是正确的。如果是眨两次，则表示字母不对。 由于博迪是靠记忆来判断词语的，因此有时就可能出现错误，有时他又要滤去记忆中多余的词语。

开始时他和门迪宝并不习惯这样的沟通方式，所以中间也出现了不少障碍和问题。他们两个每天用6小时默录词语也只能录1页，后来慢慢加到3页。

几个月之后，他们历经艰辛终于完成了这部著作。

据粗略估计，为了写这本书，博迪共眨了左眼20多万次。这本不平凡的书有150页，已经出版，它的名字叫《潜水衣与蝴蝶》。

成功是需要挫折来磨砺的。对我们每个人来说，如果能经受住挫折的考验，就能继续大步向前；如果被挫折挡住，我们人生之路就会止步于此。

失败说："挫折是成功路上永远翻不过的山，因为翻过了一座山，前方又会有一座山。"

懦弱说："挫折是成功路上的一片荆棘地，会把人扎得遍体鳞伤。"

失败者的确不需要挫折，因为它是属于强者的，它是成功的附属品，而成功者则会借助挫折来成就自己。

其实，成功唯一的捷径就是敢于面对一次次失败，经历过多次失败，依然笑对生活的人，是有勇气、敢于拼搏的强者。命运之神对强者是厚待的。当强者战胜了挫折，这些挫折会对强者俯首称臣，成为强者登上成功的跳板。所以，经受过悲惨挫折的人，往往能够获得巨大的成功!

凡尔纳是19世纪法国著名的科幻小说家，也是一位多产作家。他一生当中，写了100多部作品，被誉为科学幻想之父。

有谁会想到，这位"多产作家"在写作的道路上经历过无数的挫折。

他的第一部作品《气球上的五星期》更是在经历了一番曲折后才问世的。

据说，当年他把这部手稿写完后，先后向15家出版社投稿，结果都是退稿。此时的他，难以承受这接踵而来的退稿打击。他想到自己呕心沥血、一个字一个字写的稿子却屡遭退稿，感到绝望透顶。一气之下，他就把手稿投进火炉里泄愤。

幸好，他的妻子在危急时刻从火里抢回了书稿，还劝他不要泄气。看着失而复得的书稿，他也感到自己太冲动了。他努力地平复情绪后，再次振作起来，决定继续“再试下去”。结果，他在第16次寄出书稿之后，终于被一家出版公司相中，这部处女作终于问世了。

凡尔纳的经历让我们再次感到战胜挫折带给我们的惊喜。假如他当时被挫折征服，不但他的命运会改变，这部小说的命运也会改变：要么是凡尔纳改行不再写作，要么是一部优秀作品毁于火炉。不管哪种结果，对世人来说都是巨大的损失。

生命是脆弱的，但当它经历过生活的挫折后，它才会变得日益坚强，顽强的生命力在挫折、磨难中铸就，只有经历过风雨的人生才能绽放得更加美丽！

生活中大大小小的困难总是阻碍着我们的前进，有的人遇到一点挫折就被它打击得一蹶不振，这样的人是没有什么大作为的。生活需要挫折，只有在这样的挫折下才能激发人们的斗志。如果贝多芬不克服自身的障碍，他怎么能成为一位伟大的音乐家？你也许会看到别人的成就，却不知那成就的背后曾遭受过多大的打击和挫折。他们没有放弃，他们用昔日的汗水和泪水铸就了今天的辉煌，这些困难和挫折算得了什么？

韩信是汉代著名军事家。他年少时，父母双亡，家境贫寒，经常饿肚子。即便生活如此困顿，他依然寻找机会刻苦读书，熟读兵法，怀安邦定国之抱负。

曾经有一段时间，韩信受困于生计，为了不被饿死，他还到熟人家蹭过饭，有时也到淮水边上钓鱼换钱。穷苦的出身、穷苦的生活，让他屡次遭到周围人的歧视和冷遇。

有一次，一群恶少当众羞辱韩信。其中有一个恶少对韩信说："你虽然长得又高又大，喜欢带刀佩剑，其实你胆子小得很。有本事的话，你敢用你的配剑来刺我吗？如果不敢，就从我的裤裆下钻过去。"

韩信自知形单影只，硬拼肯定吃亏。于是，当着许多围观人的面，从那个屠夫的裤裆下钻了过去。史书上称其为"胯下之辱"。

这些成长中的挫折，非但没有击败韩信，反而激发了他要成为"人上人"的志向。在以后的日子里，韩信对自己严格要求，读书习武，为以后能够做出一番事业来做铺垫。

因为有过这些挫折和磨难，当韩信在项羽帐下当执戟卫士时，他并没有因自己低微的身份而自暴自弃，而是养精蓄锐，寻找一切机会实现抱负。最终在几年内登坛拜将，屡建奇勋，最终成为左右楚汉战争的一方诸侯。这位叱咤风云的军事人物，其用兵之道为后世兵家所推崇。

挫折是成功的阻碍，但是这种阻碍来自外部，如果能够正确地看待挫折，并采取办法去克服挫折所带来的困难，凭着坚忍不懈的恒心和无往不胜的勇气，挫折是可以战胜的，而且，经过挫折的磨炼，意志和精神都会比从前更加坚强。

一般来说，人格必须在生活中经受磨炼才能成熟。这些磨炼就是我们遇到的各种挫折。

挫折比成就更能激发人格的成熟，因为挫折是一种更高强度的生活体验。只要不被击败，就会变得更强大。

学会接受挫折，因为它能让你的生命力更加坚韧不拔；坦然地与挫折对抗，因为顽强的意志需要磨难来炼就；敢于与挫折顽抗到底，因为挫折让脆弱的生命一点点顽强，直到有一天变得坚不可摧。从挫折中变身坚强的你，即使遇到再大的暴风雨也不会退缩，而是微笑着面对。这时候，你那顽强的生命力早已经化作一块穿不可破的盾牌永远保护着你，让你在人生的战场上刀枪不入，所向披靡。

我始终认为，每一次挫折出现在我们面前，都是命运给我们成长的洗礼，当你征服了挫折时，你在获取成长的同时，又会得到一次次温馨的纪念。

所以，当我们遇到挫折时，不要找借口、理由来逃避，而应该直面挫折，耐心应对，相信这些都是生活的磨炼，最终会造就我们成熟的人格。

挺住，你和成功只有一步之遥

王小波曾经说过：人一切的痛苦，本质上都是对自己的无能的愤怒。那么这句话是否还可以这样理解，人一切的快乐，本质上都是对自己成功的欣慰。只要我们执着地前行，只要我们在最难的时候再咬牙坚持一会儿，那么，成功就会悄然降临！

曾经有这样一幅漫画：

第一个人在挖金矿时，眼看再有一点距离就可以挖出金子了，可他因为太累了，就放弃了。第二个人，跟他一样，也在拼力挖金子，他也像第一个人一样，累得筋疲力尽，但这个人坚持了下来，于是，第二个人用没有放弃的这一铲子挖出了金灿灿的金子。

这幅漫画给我们的启示是，很多时候，成功距离我们只有一步之遥了。只要你再往前一小步就能抓到。但有许多人太累了，不想迈这一小步，于是，自然与成功擦肩而过，也让自己之前的努力付诸东流。

其实，我们的退缩都是被困难吓倒的。哪怕你离成功只差那么半圈，只要你咬牙坚持那么一会儿，就能成功。但很多人就是不再坚持。所以，无论做什么事情千万不要半途而废，因为你也许离成功仅有一步之遥。

1992年8月1日，巴塞罗那奥运会女子100米决赛中，一位叫盖·德弗斯的美国选手一举摘取桂冠。让人们想不到的是，就在一年前，这位当今世界第一飞人还在与死神做生死之搏。

原来，在1990年9月，盖·德弗斯被确诊为患了一种怪病，这种病随时能要了她的命。医生说，由于她的甲状腺过于活跃，处在癌裂变的前夜。这就意味着，她的生命在12个月内就会终结。

求生的本能，让她不得不配合医生来做频繁的化疗和放射性治疗，各种副作用折磨得她死去活来：一头美丽的长发几乎全部脱落，双手总是不停地发抖，左眼几乎失明，头痛欲裂，记忆力大部分丧失，双腿浮肿，不能站立，只能用双膝爬行。

然而，要命的病魔并没有压垮她，她发誓："只要我活着，就一定要重返跑道。"为了参加比赛，她每天挣扎着跪着爬行。这种消耗体力的运动惹怒了医生，医生警告她：如果不停止这种愚蠢的行动，两天之后就只能锯掉双腿了。德弗斯听后说道："我宁死也不放弃我的运动生涯。"

医生们被她的精神震住了。在她的坚持下，奇迹发生了。1991年4月，她重新站了起来。她站起来的第一件事就是在跑道上慢慢行走。经过一年的苦练后，她终于摘取了奥运金牌，被誉为“从坟墓里爬出来的冠军”。

世界是属于勇者的，成功与失败往往就是一步之遥。当然在跨出这一步之前，也许你面临的是一个困难的抉择，或许前进，或许止步，但对一个成功者来说，他们要做的是挺住，再挺住。

当然，像德弗斯这样在病重时毅然坚持锻炼的做法是有很大的风险的，也许会失败，但也许会成功。从这一点上来看，成功者都是胆大的，他们为了得到自己想要的生活，可以不在乎生命。或许正是因为这种精神，让病魔也望而却步了。

成功是每个人的梦。之所以有许多人没有享受过成功的喜悦，是因为这些人总是无法坚持到最后，他们难以承受潜行在黑夜之旅的孤独寂寞，害怕在困难时泯灭生的希望，所以，他们缺乏成功者那种跌倒了又爬起、咬牙坚持的精神。

1844年，莫尔斯发明了有线电报，让居住在同一个大陆却彼此隔绝的人们能够通过电报来联系，同时让人们知道世界上发生的一些事情。但对远隔重洋的欧亚及美洲两大陆地上的人们来说，利用电报进行通讯依然是个奢望。

菲尔德是一位年轻的富商，他决定帮人们完成这个“奢望”。于是，他果断地把自己所有的财产及全部精力投入到了这项事业中。

菲尔德先是改造了由英美两国政府提供的两艘战舰，并分别装上足够铺设两千多海里的电缆，于1857年8月5日，开始了铺设海底电缆的第一次尝试。第六天晚上，300多海里长的电缆，在海面上消失得无影无踪，菲尔德第一次铺设海底电缆的尝试宣告失败。

浪费了这么多的人力、物力和财力都没有成功，一般人或许不会再做了，但是菲尔德没有放弃。第二年，他带着新的勇气和旧的电线重新出发，却在第四天因为遇上了狂风暴雨，让他白白扔掉200海里长的电缆，再次失败。

菲尔德第三次出航时，人们已经不再相信他了，自然也没有人再注意他们这支船队。结果就是这一次的坚持，菲尔德海底电缆铺设成功了。

1858年8月16日，纽约人第一次接收到英国女皇通过海底电缆发来的贺电时，他们欢呼雀跃，特地为菲尔德举行了盛大的游行，把菲尔德视为英雄。正当人们兴高采烈地庆祝之时，那根要命的海底电缆突然沉默。转眼之间，人们对菲尔德由赞美变成咒骂，刚才还视他为“英雄”的人们，改口称他是“骗子”。

这次失败后，足有六年的时间，人们没有听到菲尔德再铺电缆的消息。就在人们已经遗忘了这件事时，菲尔德却重整旗鼓，开始了他第 30 次远渡大西洋。

他来到伦敦后，花重金来购置新巨轮。他要继续这项事业。

让人们惊讶的是，经历了数次失败的菲尔德，终于在1866年7月13日，把美洲到欧洲的海底电缆铺设成功了！

在这个世界上，很多成功都属于菲尔德这样坚持不懈的人，即便身处没有任何希望的处境，即便所有的人都泼来冷水，他们还是咬牙坚持着，这种不成功不罢休的精神最终让他们成为万千中那唯一的成功者。

我们要想做好一件事情，必须接受各种困难和挫折。所以，你要感谢生活的磨砺，是它让你成熟了许多、坚强了许多，但未来的路上还会有更多的坎坷，只要你一直保持乐观的精神，相信时间的力量，一切痛苦都会过去，太阳照常会从东边升起。不要因为一时的困难就放弃，放弃会让你什么都得不到。在最难的时候坚持一下，你会发现，你前方的路充满光明。

王小波曾经说过：人一切的痛苦，本质上都是对自己的无能的愤怒。那么这句话是否还可以这样理解，人一切的快乐，本质上都是对自己成功的欣慰。只要我们执着地前行，只要我们在最难的时候再咬牙坚持一会儿，那么，成功就会悄然降临！

通往繁华有一段荒凉的路程

我们要想在有限的生命里做出一番成就，就得经历一段“荒凉”的路程，这段荒凉之旅，是命运来考验你的，你只有尝尽人世最苦的滋味后，才能享受并珍惜这人世最华丽的繁华！

有这样一个天才，他有着让人无比羡慕的风光事业：

他在2003年一年就赚了1.2亿元；2004年和2005年，每年都保持在1.5亿元左右；从2006年起，他的收入涨到1.7亿元；到了2007年，他的收入增加到2.6亿元；到了2008年，收入达到3.87亿元；2009年、2010年和2011年，分别是3.57亿元、2.5亿元和2.2亿元。从2003到2011年，他总共赚了20多亿元。

然而，他在风光的背后，付出的是这样不为人知的代价：

2002年11月2日，他右手指被打出血；2003年1月13日，左膝扭伤；3月27日，暂时性双耳失聪，不久，左眼遭到肘击，左眉骨破裂，缝了八针；

2004年2月27日，髋部受伤，6月，右脚大脚趾被踩伤，几天后大脚趾趾甲被裁掉半个，月底，左脚又扭伤，7月4日，两片脚趾甲被摘除；

2004年10月28日，肘部受伤；

2005年3月31日，小腿受伤；4月4日，下巴遭到肘击，随后又扭伤了右脚踝。4月13日，刚刚缝完4针的下巴再次遭到肘击，6月17日，左脚踝接受骨刺剔除手术；

2005年9月14日，下巴被击中，鲜血直流；12月7日，眉骨被击中，缝了九针；12月16日，左脚大脚趾被踩，趾甲脱落；12月19日，左脚大脚趾接受手术；

2006年4月11日，左脚小脚趾骨折；4月14日，左脚被植入一根钢钉；2006年10月10日，左脚大脚趾趾甲被摘除；12月24日，右腿胫骨骨裂；

2008年2月27日，舟骨应力性骨折；11月27日，眉骨遭到肘击，被缝四针；

2009年1月24日，膝盖伤复发；2月8日，左肩被撞伤；2月26日，眉骨被撞裂，血流满面；5月10日，左脚骨裂；7月22日，接受骨裂修复手术；

2010年11月11日，左脚踝应力性骨折；

2011年1月7日，左脚踝接受手术。总之，他这无比风光的9年，竟是一部鲜血淋漓的历史，从头到脚，共经历过30多次伤痛或手术。

他就是姚明。

伏尔泰说过："不经巨大的困难，不会有伟大的事业。"

是的，人生就是如此：你想要什么样的繁华，就得吃相对应的苦头，而这些苦，没有人能够帮助你，你必须亲自去经历，去感悟。

有人曾经做过这样一个实验：他往一个玻璃杯里放进一只跳蚤，发现跳蚤立即轻易地跳了出来。因为跳蚤跳的高度一般可达它身体高度的400倍左右。

接下来实验者再次把这只跳蚤放进杯子里，不过这次是立即同时在杯上加一个玻璃盖，"嘣"的一声，跳蚤重重地撞在玻璃盖上。一次次被撞，跳蚤开始变得聪明起来了，它开始根据盖子的高度来调整自己跳的高度。再一阵子以后呢，发现这只跳蚤再也没有撞击到这个盖子，而是在盖子下面自由地跳动。

一天以后，实验者开始把这个盖子轻轻拿掉了，它还是在原来的这个高度继续地跳。一周以后发现，这只可怜的跳蚤还在这个玻璃杯里不停地跳着，其实它已经无法跳出这个玻璃杯了。

让这只跳蚤再次跳出这个玻璃杯的方法十分简单，只需拿一根小棒子突然重重地敲一下杯子；或者拿一盏酒精灯在杯底加热，当跳蚤热得受不了的时候，它就会"嘣"的一下，跳了出来。

追求成功的路上难免会遇到挫折导致失败，而且可能是屡受挫折和失败。

几次失败以后，有人便开始不是抱怨这个世界不公平，就是怀疑自己的能力，于是不再千方百计地去追求成功，而是一再地降低成功的标准，即使原有的一切限制已取消。就像跳蚤所在的玻璃杯的“玻璃盖”虽然被取掉，但他们早已经被撞怕了，或者已习惯了，不再跳上新的高度了。人们往往因为经历了挫折而丧失继续挑战成功的勇气，宁愿接受失败者的生活。

在我们的一生中，有些路注定是要孤身一人走的，有时候，即便我们经历了一段荒凉的日子，也不一定能得到想要的繁华，但是却会让你收获一种莫名的力量。这种力量能够让你感受到自己的节奏，让你以跟世界不同的方式独自运转着，从另一种途径走向目的地。

所谓成功者，就像著名国学大师王国维定义的成功者那样，会经历以下三种境界：

一种境界：昨夜西风凋碧树，独上西楼，望尽天涯路——孤独的前行者

二种境界：衣带渐宽终不悔，为伊消得人憔悴——坚定的实践者；

三种境界：众里寻他千百度，蓦然回首，那人却在灯火阑珊处——默默的探索者。

其实，我们只要回顾一下看过的中外成功者的传记，就会发现，他们很多都是经历了以上这三种境界。

他们今天的满身光环，曾经是昨天那个屡战屡败屡败屡战、在逆境中苦苦挣扎的落魄人；今天领奖台上风光无限的他们，曾经是昨天那个咬着牙流着汗，十年如一日坚持锻炼的人；今天西装革履、意气风发的他们，曾经是昨天那个顶着烈日、冒着寒风四处奔波的人……他们在收

获人世繁华之时，也曾经历过生活中的酸涩与苦难。

所以，我们要想在有限的生命里做出一番成就，就得经历这样一段“荒凉”的路程，这段荒凉之旅是命运之神用来渡你的，你只有尝尽人世最苦的滋味后，才能享受并珍惜这人世最华丽的繁华！

低谷是积蓄力量的最好时机

每个人都会有人生低迷的时候，而这时正是时间充裕的时刻，也正是积累力量的大好时机，正所谓，厚积而薄发。如果我们在低谷时一味地消沉、堕落下去，那么只会让我们白白浪费时间，枉费青春时光。所以，我们一定要放平心态，好好地调整自己，当你做好了充足的准备时，再坚持不懈地做下去，这样才能够扫除挡在梦想前面的障碍，实现美好的人生蓝图！

人生的轨迹就像一条抛物线，有高峰也有低谷。处在人生的低谷时，我们会焦虑、迷茫，脑海里总有个声音在对我们说：“你不行，你根本不是这块料，趁早放弃吧。”

尼克松说：“当身处最低谷的时候，或许才会明白置身最高的山峰会有多么壮丽。”一个真正强大的人，会在低谷时沉住气，并且在这段时间自我修炼，积蓄力量，沉积力量，为以后一飞冲天做好充足的准备工作。

我的一个做培训师的朋友向我讲了他的故事：

有一次，我去外地做讲课，有个很秀气的女孩走上讲台，讲出了她的困惑。

她在一家小超市做财务。让她头疼的是，这家店的账目乱七八糟，出货入货的记录也是七零八落，有的甚至连收据都没有。她开始怀疑是不是自己能力不行，换成是别的资深会计肯定三下五除二就做完了，最后她问我：“王老师，我到底要不要转行呢？”

我问她：“面对目前糟糕的工作状况，你有没有做出些努力呢？”

女孩说：“我跟经理反映过单据不全的问题。”

我说：“后来呢？你们经理怎么说呢？”

女孩说：“经理跟我说以后一定注意，然后我又跟经理说，要不要安装一个专业的财务软件，这样账目就更清晰了，工作效率也会提高。”

我接着说：“看来你们经理还是很重视这个问题的，他已经给了你答案了。那你这份工作做了多久？”

女孩说：“大概两个多月吧。”

根据女孩叙述的状况，我倒觉得她没必要改行。这世界上没有完美的公司，并且女孩以前是做人力资源的，花了很多时间去考会计证，这是她第一份会计工作。假如开端不是很顺利，那么以后的职场道路也不会好到哪里去。

更何况，她自己也觉得还没到一定要辞职的地步。根据她的说法，她的经理还是很支持她的工作的，只是这位经理由于专业知识不足没办法给她提供实质的帮助。此时，恰恰是她迅速上升的好时机。

我对她说："你现在别着急，现在是你大显身手的时候了，你下个星期上班的时候，就确定好自己的工作重点，梳理出账目的漏洞，要解决哪些问题。是要重新制定财务制度，还是要更新财务软件？这些都要一件一件地去解决。"

可是女孩的眼神依旧很不确定，她一直跟我确认："我真的能行吗？"

我突然意识到一个问题，于是问她："你从小是不是特别听父母的话，然后爸爸妈妈也很少表扬你？"她朝我点了点头。

朋友对我说："这个女孩子之所以怀疑自己的工作能力，很大一部分原因来自于她的成长过程，她的爸爸妈妈太强势了，过多地干涉了她的生活，以至于她缺乏对自己的人生的掌控感。"

我问他："你是如何帮助她的？"

他说："我觉得她对自己的生活缺乏掌控感，这样才会让她感到迷茫，不知所措，并且不知道该如何改变目前的状况。"

针对她的问题，他给出了以下建议：

让她先从小事入手，慢慢解决事情，获得成功的体验。我们身边有很多不够自信的人，不是因为他们能力一般，而是他们成功的体验太少了。恰恰因为如此，他们特别希望能达成一次巨大的目标。越平庸就越渴望成功，这种恶性循环一旦形成，只会一次又一次地让我们体会到挫败的滋味。因此，最现实最稳妥的一条路，就是由小及大，从我们目前的小事入手，试着坚持下来，并且有始有终。

接着，他建议女孩从看得见的单据入手，就拿收款和付款来说，既然制度不完整，收付款都没有凭证，那就从这里开始，建议经理购买几本收据和付款单，然后组织各部门的管理人员开个会，制定完善的财务制度，并且严格执行。

在生活中，困难有时候确实会让我们喘不过气来，但这种压力反而会让我们更迅速地成长。如果一个人的一生一帆风顺，每天的日子一模一样，还有什么意思呢？所以，正视压力，才能让自己不断前进。

每个人都会有人生低迷的时候，而这时正是时间充裕的时刻，也正是积累力量的大好时机，正所谓，厚积而薄发。如果我们在低谷时一味地消沉、堕落下去，那么只会让我们白白浪费时间，枉费青春时光。所以，我们一定要放平心态，好好地调整自己，当你做好了充足的准备时，再坚持不懈地做下去，这样才能够扫除挡在梦想前面的障碍，实现美好的人生蓝图！

Chapter 6

第六章

行动是极致的修行

所有的成功都源于行动

积极行动，创造奇迹

恐惧中的行走会刺激你的勇敢

唯有主动出击才有收获

所有的成功都源于行动

因为有了行动，爱迪生只要想到一个发明点子就立刻付诸行动，做实验、搞研究，最终成为发明大王……成功不是纸上谈兵，更不是凭空想象而来的。成功需要我们每个人付出行动，在行动中走出一条通往成功的路！

高尔基说：“在生活中，没有任何东西比人的行动更重要、更珍奇了。”世界上的人无外乎有两种：一种是一旦拥有美好的设想就立即行动的人；另一种则是想了又想却不停观望的人。成功比较青睐于第一种人，因为任何成功都不可能发生在观望者的身上。一个从来不行动的人，再完美的计划也只能是镜中花、水中月。

一个人要想成功，就必须用实际行动来说话。请记住，在人生之路上，我们不但需要一双幻想的翅膀，更需要一双踏踏实实的脚！

然而，在日常生活中，我们经常遇到这种“敢想”却不行动的人。

他们把计划说得天花乱坠、妙不可言，可是双腿却像生了根一样，就是不去行动。为此，有人说他们是“语言的巨人，行动的矮子”。

真正的成功源自行动，成功永远不可能被观望者、幻想派所拥有。或许一次、两次可以侥幸得之，但它最终垂青的必然是那些大胆的行动者。很多成功人士都告诉我们，要获得成功必须从行动开始，要敢于迈出去。

身高只有1.45米的原一平，貌不惊人，可他在日本的人寿保险界却是一个声名显赫的人物。日本有近百万的寿险从业人员，大部分人不知道全日本20家寿险公司总经理的姓名，却都认识原一平。

原一平的一生从被乡里公认为无可救药的小太保，到日本保险业连续15年全国业绩第一的“推销之神”，其经历堪称传奇。据说他在最穷的时候，没钱吃饭、没钱坐公车，他最终凭借自己的毅力和行动，成就了自己的事业！

对于原一平的成功，很多人都很好奇，许多公司还请他去演讲，介绍成功的经验。

有一次，69岁的原一平应邀到一家保险公司做公开演讲。在演讲会上，有很多听众问他推销成功的秘诀是什么。

他没有回答，而是当场把鞋袜脱掉， 让台下的提问者派一个代表到讲台上来。代表上台后，他说道：“请你摸摸我的脚底板。”

这个代表先是一愣，看到原一平不像在开玩笑，就按照原一平的话去做，用手去摸他的脚底。

原一平问："你摸到了什么？"

代表说：'您的脚底有很厚的茧！'

原一平点点头，回答："对，我脚底上的茧特别厚，从我工作以来，这茧一直是这样，你知道这是为什么吗？"

这位代表摇摇头："不知道。"

原一平笑着说："这是因为我是典型的行动派，所以我走的路比别人多，比别人跑得勤，脚上的茧才特别厚啊。这就是我成功的原因。"

代表听后恍然大悟，连声道谢后离开。

万事始于心动，而是否成功在于行动。这就是成功者的秘诀。所以，当你有了一些好的想法或创意时，不要拖延，更不要找借口，而是要付诸行动。通过行动，你就会成为这件事情的主导者；通过行动，不管是否能成功，你都会掌握主动权。有时你行动了不一定成功，但你不行动却永远不会成功。

洛克菲勒说过，人们用来判断你的能力的真正基础，不是你脑子里装了多少东西，而是你的行动。只有行动才能把心动的想法变为现实，只有行动才能实现我们宏伟的目标与远大的理想！

邦科是杂志社的一名编辑，他小时候就有一个想法：将来有一天能够创办一种杂志。至于杂志是什么样的，他还没有想明白。但他从有了这个想法开始，就开始付诸实际行动中，在生活中处处留心，寻找创办杂志的机会。

有一次，他看见一个人打开一包香烟，从中抽出一张纸片，随手就把这张纸片扔到地上了。由于邦科从小就对纸片一类的东西很敏感，于是，他弯下腰，拾起这张纸片。

他看到纸片上印着一个著名的好莱坞女演员的照片，在这幅照片下面印有一句话：这是一套照片中的一幅。看完后，邦科恍然大悟：这不就是一种促销香烟的手段吗？烟草公司利用买烟者收集一整套照片的方法来推销香烟。邦科这么一想，又把纸片翻过来，注意到它的背面竟然完全是空白的。

看着这张纸片，邦科感到这是他创办杂志的一个机会。他想，如果把附在烟盒子里的印有照片的纸片充分利用起来，在纸空白的背面印上照片上的人物的小传，这种照片的价值是不是就提高了？想过后，他立刻找到印刷这种纸烟附件的平板画公司，向这个公司的经理说明了他的想法。这位经理听后非常赞成他的提议，许诺他："如果你给我写100位美国名人小传，每篇100字，我将每篇付给你100美元。请你给我送来一份你准备写的名人的名单，并把它分类，你知道，可分为总统、将帅、演员、作家，等等。"

这便是邦科最早的写作任务，他回家后立刻动笔来写。渐渐的，他写小传的需求量越来越大，使得他必须请人帮忙。于是他请他的弟弟迈克尔帮忙，并付给他每篇5美元。紧接着，邦科又请了几名职业记者帮忙写作这些名人小传，以供给一些平板画印刷厂。

邦科用他一系列的行动，成功地实现了他儿时创办杂志的梦想！

邦科之所以能够成功，就是因为他是一个行动派。美国著名作家赛珍珠曾说：“我从不等待好运来敲门，如果你一味等待，就不能完成任何事情。你必须记住，只有行动才能有所收获。”

世间所有的成功都源自行动的积极，这是名人成功的经验，也是我创业以来最大的体会。我当年有了创业的想法时，就选择了创业。不管是创业前还是创办公司后，我从来没有想过失败或放弃。想到了就去行动，在行动中遇到困难就想办法解决。千万不要去等待，等待是换不来成功的，等待只会让你离成功的道路越来越远。

当然，我并不是说让大家想到什么就去做，而是当你决定做什么时，要想清楚是否值得你这么做，你一旦想清楚了，就不要再去找借口，而是勇敢地去做。

因为有了行动，爱迪生只要想到一个发明点子就立刻付诸行动，做试验、搞研究，最终成为发明大王……成功不是纸上谈兵，更不是凭空想象而来的。成功需要我们每个人付出行动，在行动中走出一条通往成功的路！

积极行动，创造奇迹

有人说，积极行动实现人生发展，人生的发展不能光说不动，人的存在和发展都离不开人生行动。所以，我们做事情要做到立即行动，敢于行动。有行动就会有困难，有困难就会有解决的方法。解决困难的过程也是我们成长的过程。

在企业家俱乐部举办的“创业”沙龙上，来自各个行业的集团创始人、精英、大亨在讲到自己的成功经历时，他们说得最多的一句话就是：

“我在做这件事之前，周围的亲朋好友都不支持我，说这一行还没有人去做，万一做砸了怎么办？我却没有想这么多，就是觉得想做这件事。所以，不管其他人怎么看，如何反对，都无法阻挡我做这件事，而且是怀着积极的心态去做的。我相信自己一定会做好。等做得顺手了，奇迹就出现了，这时我发现，呀，我成功了。”

听了他们的讲述后，我的感触是：虽然每个人的失败各有各的不同，但成功者的成功经验却是相似的，可以用八个字来形容：积极行动，创造奇迹。

其实，不管是创业，还是工作和生活，如果能用积极的心态去行动，往往会出现意想不到的奇迹，有助于我们更快地走向成功。

美国联合保险公司董事长克里蒙·斯通是美国最有钱的人之一，他是美国联合保险公司的董事长，也是世界保险业巨子。这位出身贫寒的巨富，其发家史的秘诀就是，用积极的行动来换得一次次奇迹的。

斯通的父亲早逝，母亲含辛茹苦地把他抚养长大。斯通的母亲是一位名副其实的行动派，她在斯通十几岁的时候，为了多赚点钱，就把节衣缩食省下来的一点钱，投到底特律的一家小保险经纪社。

这家保险经纪社主要是代替底特律的美国伤损保险公司来推销意外保险和健康保险的。推销员只有斯通的母亲。她每推销一笔保险，就会收到一笔佣金，她就是靠这笔收入来养活一家人的。

斯通16岁时的暑假，母亲劝他推销保险。因为是第一次做这份工作，虽然母亲亲自指导他到一个大楼去推销，可他还是没有勇气敲开客户的门。

在犹豫了好久后，他在心里默念着自己信奉的座右铭："如果你做了，没有损失，还可能有大收获，那就下手去做，马上去做！"他一边反复地念着这句话，一边勇敢地走入大楼。

他走进大楼后，逐门逐户地进行推销。那天尽管他很努力，但只有两个人买了他推销的保险。他没有气馁，回家后，他总结了这次推销成功的经验、分析了只成交了两单的原因，接着，他根据自己的情况制定了新的推销方法。

第二天，他用自己新的推销方法卖出了4份保险，晚上回家后，他又做了分析，制定了推销方法；第三天，他卖出去6份……假期快结束时，他居然创出一天10份、20份的好成绩。

此时他再分析成功的原因时发现：自己积极的行动起了重要作用。因为有行动，他有了收获，有了收获后，他有了动力。

斯通20岁时有了创业的想法，一有这个想法后，他就积极行动起来，在芝加哥开了一家保险经纪社。

公司刚创办时，只有他一个人。他在开业第一天就销出54份保险。接下来，他的事业一天比一天好，甚至在一天中创造出卖出122份保险的记录。

随着公司快速地发展，他立刻在各州招人来扩展他的事业。他在各州都有一名推销总管来领导推销员，他自己管理各地总管，这一年，斯通还不到30岁。

那时候，整个美国笼罩在经济大恐慌之中，人们都没有钱买健康和意外保险，真有钱的又宁愿把钱存下来以防万一。这时，斯通给自己加了几条应付苦难的座右铭："销售是否成功，决定于推销员，而不是顾客。如果你以坚定、乐观的心态面对困难，你反而能从中找到益处。"

有了积极的心态，他即刻投入到行动中。结果，他每天成交的份数居然跟以前鼎盛时期相同。

1938年，斯通成为一名百万富翁，而他领导的保险公司一跃成为美国保险业首屈一指的大企业。

积极行动可实现人生发展，人生的发展不能光说不动，人的存在和发展都离不开人生行动。所以，我们做事情要做到立即行动，敢于行动。有行动就会有困难，有困难就会有解决的方法。解决困难的过程也是我们成长的过程。

人生目标确定容易实施难，但如果不去积极地行动，那么我们连实现的机会可能都没有。成就感对于健康人格的形成不可或缺，而成就感的一个重要因素就是必须有努力行动这个过程。

苹果创始人乔布斯、华人首富李嘉诚、新东方创始人俞敏洪、百度CEO李彦宏、阿里巴巴的马云等创业成功人士，他们当初都是从零开始创业的，他们为什么会成功呢？很大部分原因就是他们习惯于积极行动。

成功者必是立即行动者。对他们来讲，时间就是生命，时间就是效率，时间就是金钱，拖延一分钟，就浪费一分钟。立即行动会挤出比别人更多的时间，比别人提前抓住机遇，不要给自己留退路，说什么“等待机会”“做好准备”等影响自己行动的话。你要记住，当你积极行动时，心态也是积极的。这时的你将是充满斗志的，连失败也会畏惧你。

恐惧中的行走会刺激你的勇敢

当你对某件事感到害怕时，如果你去做这件事，害怕往往就会消失。因为当你把心思放在必须做的事情上时，你就转移了情绪，便不会害怕。

说到恐惧，我曾经看到过这样一个故事：

有人把一只饥饿的鳄鱼和一些小鱼放在水族箱的两端，中间用透明玻璃板隔开。刚开始，鳄鱼毫不犹豫地向小鱼扑过去，它败得很惨，但它毫不气馁，继续向小鱼扑，可是它不但没有咬到小鱼，头部还受了重伤。

在饥饿的驱使下，它向小鱼发动了第三次、第四次进攻……

当多次的进攻都失败后，它开始恐惧，受恐惧所使，它就不敢再进攻了，安静地缩在角落里。后来试验者把玻璃挡板拿开，鳄鱼依然不再向近在咫尺的小鱼发动进攻了，只是无望地看着那些小鱼在它的眼皮底下悠闲地游来游去，放弃了所有的努力，最后竟然被活活地饿死了。

鳄鱼因为受习惯的影响，死于成见。被称为高级动物的人，有时也会像鳄鱼一样，由于恐惧而犯同样的错误。罗夫说，去做你害怕的事，害怕自然就会消失。所以，不管做什么事情，多付诸行动，永远比你躲在舒适的地方发愁更有效。

几年前，我有个在外企做高管的朋友问我：“我手上有一个好项目，想辞职创业，可又担心创业失败，到时我这份高薪的工作也丢了，怎么办？”

我对他说：“你要是害怕一件事，就付诸行动，跟这件事一拼输赢。”

他犹豫了一下，说道：“万一我创业失败呢？我现在的房子还有月供呢。我一想到这些就害怕，可是如果不去创业，我又害怕失去一次创业机会。”

我说：“那就选择创业。战胜恐惧最好的办法，就是直面恐惧，跟恐惧做斗争。”

听了我的话，他还是犹疑不决。后来又不甘心，就决定用业余时间来创业。他在创业过程中，面临着各种各样的问题，他都有条不紊地处理着，半年后，他辞职全力经营公司。不到一年，他的公司就走上了正轨。

事后，他对我说：“你说得太对了，战胜恐惧最好的方法是跟恐惧做斗争。说来也奇怪，真的去做让我恐惧的事情时，就不会恐惧了。”

我说：“没什么奇怪的，因为你在做令你恐惧的事情时，就把恐惧的情绪转移了。而且，那么多事情等你解决，你也没时间恐惧啊。”

实际上，我们恐惧的原因是自己吓唬自己。世上没有什么事能真正能够让我们恐惧，恐惧只不过是人心中的一种无形障碍罢了。不少人碰到棘手的问题时，习惯设想出许多莫须有的困难，这自然就会产生恐惧感。所以，你在遇到困难时，不要想别的，而是大着胆子去干，就会发现事情并没有自己想象的那么可怕。

当遇上害怕的事情时，只要敢于试一试，就会觉得并没有什么，也没有你原先想象的那么可怕。每当你发现自己总是在回避你害怕做的事时，你还可以问问自己：“如果我真的去试，最坏的结果会是怎样？”

最坏的结果，往往不会比你想象的更可怕。

有人问英国戏剧大师萧伯纳：“为什么你讲话那么有吸引力？”萧伯纳答道：“试出来的，就像学滑冰一样，开始时，笨头笨脑，像个大傻瓜，后来试的次数多了，就熟练了。”

萧伯纳年轻时性格内向，害怕在人前讲话，更不敢在公开场合发言。即使他去朋友家，在敲别人的门之前，也要在门外徘徊20分钟，才敢硬着头皮去敲门。

为此，他说：“很少有人像我那样深受害羞和胆怯之苦。”

后来，他下决心要变弱为强，从试一试开始，于是参加了辩论协会，出席伦敦各种公开讨论会，逮住机会就发言。终于克服了自己的无形障碍，他成为20世纪最有自信和最杰出的讲演者之一。

很多时候，成功就像攀爬铁索，失败的原因不是智商低下，也不是力量单薄，而是威慑于自己的无形障碍，被铁索周围的外在现象吓破了胆。所以，我们一定要敢于做让自己害怕的事。

无论是在生活还是在工作中，当你感到对做某件事心里没底，不去做又日夜担心时，我劝你什么也别想，勇敢去做。你可以对自己说：我已经战胜了恐惧，下一次同样能够战胜它。

当你面对恐惧时，你没有被它征服，一次又一次的经历会让你获得力量、勇气与信心。所以，越是让你觉得做不到的事，你就越应该去做。

记住，当你害怕某件事时，你就去做这件事，害怕往往就会消失。因为当你把心思放在必须做的事情上时，你就转移了情绪，便不会害怕。

人生总会碰钉子，多碰一回钉子又何妨，钉子碰多了，会让你长一分见识，增加一分阅历，吸取一次教训，多一次经验，何乐而不为？记住，天塌下来，还有比你高比你壮的人撑着。冒一次险吧，让你的生命享受冒险带给你的别样刺激！

唯有主动出击才有收获

主动出击带给我们的是一种动力，一种积极的态度。在职场上求职是这样，在生活中做事同样如此。特别是在竞争激烈的时代，我们若不主动争取，那么，即使机会就在你眼前也抓不住。因为就在你等待和犹豫的时候，别人就会捷足先登，所以，一个人要想成功，就必须抛开顾虑主动出击！

迈克·乔丹说：“我不相信被动会有收获，凡事一定要主动出击才能成功。”世间万物的法则，永远是用进废退，这是颠扑不破的真理。动物如此，人类亦如此。一个人，要想在异常激烈的社会竞争中不被淘汰，必须具备一点生存危机，这样，我们就能做到未雨绸缪，主动出击，多一点生存的技能与智慧。

在河边，有一只狼要带好几只小狼过河，以我们粗浅的经验，它一定会一只一只地叼过去，但事实并非如此。老狼为了避免自己的子女受伤害，它会咬死一只动物，把动物的胃吹足气，然后再用牙咬蒂处，做成一只鼓鼓囊囊的皮筏，借着这生命的皮筏，全家渡河。

在动物界，狼是一种非常聪明的动物，如果让单条狗与单匹狼搏斗，败北的肯定是狗，虽然狗与狼最亲近，它们的体型也难分伯仲，但为什么败北的总是狗呢？有人曾就这问题仔细地对狼与狗进行研究。结果发现，狗经过人类长期的驯养，因为不需要面临生存的危机，狗的脑容量大大小于狼，而生长在野外的狼，为了生存，它们的大脑被极致地开发，不但非常有创造性，而且有着异乎寻常的生存智慧。

这是一个竞争已经趋于白热化的时代，被动只会让你成为挨打的对象。因过分忧虑而凡事畏畏缩缩的人，注定成不了什么大器，唯有狠下心来主动出击，才可能有机会取得胜利。相反，主动出击却可以让你在社会上占有一席之地。你需要清楚地知道，你的事业、你的人生不是上天安排的，而是靠自己主动去争取的。远处的风景不会自己走过来，你需要迈开自己的双脚，主动地走近它。

US钢铁公司的董事长费尔莱斯是美国有名的钢铁大王。他之所以能够从一个四处找工作的求职者，成为公司的董事长兼钢铁大王，就缘于，他做任何事情，只要认准了，就会主动出击。

费尔莱斯在年轻时，有一段时间他连工作都找不到。没有工作，生计也成了问题。幸好他是一个主动寻找机会的人，在当地找不到工作，他就乘火车去外省找工作。

在坐火车的旅途中，他无意中向窗外一看，看到一个地方正在大规模地施工。他心里一动：“工程这么大，一定需要很多工人，这样我不就有工作了吗？”他立刻改变主意，在附近下了火车后，就到工地去找到主管。他主动向主管介绍了自己，表达了想到这里工作的愿望。

主管对他说，这里确实是在建一座大型工厂，但目前不缺工人。主管最后对他说：“虽然现在不缺，但工厂建好后，还是需要工人的。这样吧，你把电话给我留下，一有消息我就通知你。”

费尔莱斯欣然同意。他回去后，等了好几天都没有接到电话。按照一般人的思维，主管不打电话，说明主管只是出于客气才留下他的电话，根本没有让他去当工人的意思，最好不要把主管的话当真。

可是费尔莱斯不这么想，他认为这是一次难得的工作机会，对方没来电话，可能是有其他事情耽误了。既然是自己想要这份工作，何不主动去联系来争取呢？于是，他再次坐火车来到工地，找到了留他电话的主管。

此时的主管已荣升厂长，厂长一见到他就道歉：“小伙子，真抱歉！我本来早就想给你打电话让你来工作的，可是我不知道把你的电话号码放哪儿了，正愁不知道怎么联系你呢，还好你来了”！

厂长一边热情地接待他，一边立刻给他分配了工作。

费尔莱斯进的这家工厂就是做钢铁的。他从此进入了钢铁行业，因为他在工作中很主动，所以一直干得不错，屡次获得晋升，最后成为钢铁公司的董事长。

费尔莱斯的成功看来似乎有些偶然，其实是必然的。我们可以做这样的假设，假如他像一般人那样，因为接不到主管电话就重新另找工作，可能找的工作比钢铁业还好。但是，此时换的不是一份工作，而是一种“主动”的好习惯。也就是说，他即便找到了新工作，也可能改不了凡事被动的习惯。所以，费尔莱斯主动得到的不是工作，而是一种好习惯。正是这种主动的好习惯始终贯穿在他的生活和工作中，才让他有了后来的成功。

可见，我们如果在一些事情上显得主动一些，即便你在这件事情上没有成功，也会有其他收获的。主动出击带给我们的是一种动力，一种积极的态度。在职场上求职是这样，在生活中做事同样如此。特别是在竞争激烈的时代，我们若不主动争取，那么，即使机会就在你眼前，也会失去。因为就在你等待和犹豫的时候，别的人就会捷足先登，所以，一个人要想成功，就必须抛开顾虑主动出击！

Chapter 7

第七章

假如的人生没有意义

赢家的人生没有假如

学会为自己喝彩

在人生舞台上做自己的主角

跌倒的地方是成功的起点

你的任何经历都会成为精彩的瞬间

让愈合的伤口变成身体中最坚硬的部分

赢家的人生没有假如

人生赢家之所以能够成功，是因为在他们眼里，荣华富贵、名利都是身外之事，人生不能重来，唯有奋斗和努力能够随时随地地开始。他们明白，只要不放弃，任何成功都可以从头再来。

对于真正的人生赢家来说，他们的字典里没有“假如”，因为不管他们选择哪条路，他们都会用自己与众不同的方式，走出一条独特之路。在他们看来，一旦选择，就会坚定不移地走下去。

几年前，中国电影集团决定投巨资拍一部红色大剧，当一切准备就绪了，却还缺少“女主角”这个东风。有将近三个月的时间，一直没有找到合适的女主角。当时圈内的朋友推荐了很多优秀的女演员，通过海选也找到了不少看起来合适的演员，然而，在试镜时发现，虽然她们外形姣好、演技也不错，却不符合剧中女主角的标准。

就在剧组为此犯难时，一位知名导演拿着一位女演员主演的《张思德》《开着火车上北京》《铁道游击队》等作品找到出品方。总制片人在看过她主演的以上获奖作品后，在电话里高兴地说："真是踏破铁鞋无觅处，得来全不费功夫啊，这个女主角简直就是为我们剧中人物而生的。"

在看过该女演员试镜后，所有人都惊喜不已，她真正演活了剧中主角，看着她的一颦一笑、一举手一投足，大家仿佛又回到了那个久远的年代。

在一次电影的新闻发布会上，有记者问她："听说拍戏很苦，特别是拍这种战争片，而你作为女演员，好像总是接这种类型的戏，会不会后悔当初的选择？假如再给你一次选择，你还会选择当演员吗？"

她微笑着回答："假如的人生没有意义，时光也不会倒流，我们唯一要做的就是，不管你走哪条路，也不要管你脚下的路有多么难走，都不要放弃，而是抬起头，硬着头皮一路往前走。不要去想结果怎样，只想自己有没有努力，有没有尽全力，有没有开心地去做事情，就足够了……"

她的话还没有说完，现场响起了热烈的掌声和叫好声。镁光灯下，她就像一朵出淤泥而不染的莲花，雅洁、高贵、超凡脱俗。

她就是青年导演、著名红色艺术家彭丹，也是本书的作者之一。彭丹祖籍山东菏泽，出生于一个书香之家，从小就喜爱读书。她是在听着父母讲述“毛泽东如何建立红色政权”等一系列“红色故事”中长大的。这也为她后来成为“红色艺人”埋下了伏笔。8岁那年她陪同学去报考北京舞蹈学院，本来酷爱读书并渴望成为一名教师的彭丹，却因为姣好的容貌、优越的先天条件被老师一眼看中。

从小热爱学习的她，就这样被招入北京舞蹈学院，毕业后进入中央芭蕾舞团，成为该团最年轻的主要演员。随后由国家公派赴美国，在世界著名的茱丽娅艺术学院主修电影戏剧，并深造舞蹈。由于学习成绩优秀，她成为该院第一位拿到全额奖学金的华裔高材生。经多年努力，彭丹在影视界、舞蹈界、歌唱方面都取得了较大发展，成为难得的影视歌舞“四栖明星”。因主要在影视作品中塑造了共产党员、解放军战士和武警官兵等正面形象，又在推动慈善公益事业、加强国际间文化艺术交流方面做出了杰出的贡献，得到了政府和社会各界的认可，她被海内外各大媒体誉为“红色艺人”。

在美国深造期间，彭丹除了刻苦学习，还参加了数次世界亚洲小姐、美国华裔小姐的竞选。每轮竞选时，每当轮到彭丹时，她都会抬头挺胸，骄傲地对评委说：“我是来自中国的留学生！”彭丹的言行令评委们颇为敬佩。彭丹靠自己的努力在美国连续三年荣获“世界亚洲小姐”、“美国中国小姐”、“美国华裔小姐”冠军，成为唯一在世界选美舞台上荣获三连冠的东方女性。

虽然在世界性的选美大赛中荣获“三连冠”，可彭丹公派留学生的生活却没有因此改善，依旧过着“半工半读”的艰辛生活——在餐馆端盘子，在学校做洗衣工、当邮递员等。就在生活非常艰苦的时候，她“世界亚洲小姐”的桂冠被《花花公子》杂志看中，该杂志试图花25万美元邀请她拍杂志封面。刚刚得到这个消息时，彭丹激动得睡不着觉，这么多钱足以缓解她窘迫的生活现状了，也不用担心因交不起房租而一次次被房东赶出门。但当彭丹了解到《花花公子》杂志的内容后，她断然选择了拒绝。《花花公子》的总裁再次寄给彭丹两本杂志，封面分别是美国前总统的女儿以及一位美国女警察，但还是被彭丹坚拒了。《花花公子》的总裁对此事十分不解：“你们跳芭蕾舞平时穿得也不多，为什么要拒绝这本能让你一夜成名的杂志封面呢？”彭丹说：“我们跳芭蕾舞的服装和舞姿是为了艺术，而你们是为了商业。”这件事在美国引起了极大的轰动，各大媒体竞相报道，称彭丹为“挺着脊梁骨的东方美人”。

我们不要羡慕别人人前的风光，更不要嫉妒别人成为人生赢家。如果你能做到像他们一样努力和坚持，那么你也会和他们一样成功。

人生赢家之所以能够成功，是因为在他们眼里，荣华富贵、名利都是身外之事，人生不能重来，唯有奋斗和努力能够随时随地地开始。他们明白，只要不放弃，任何成功都可以从头再来。所以，我们要想成为赢家，就得学他们这样，在把握当下的同时，脚踏实地地走好每一步，稳扎稳打，方能打拼出属于自己的一方天地。

2015年洛杉矶时间5月10日，好莱坞第二届中美国际电视节闭幕式在比弗利山庄希尔顿酒店隆重举行。

“中美国际电视节”是为上年度在电视剧行业中取得优异成绩的优秀演员、导演、制片人颁奖的盛典。“中美国际电视节”本着公正平等的原则，由来自中美国际电视节的评委及资深媒体人严格筛选和票选。彭丹在几十名优秀女演员的角逐中脱颖而出，继获得首届中美国际电视节“最佳女主角”后，再次夺得“最受欢迎女演员”奖。

在发表获奖感言时，彭丹用一口流利的英文获得了阵阵掌声。她表示，好莱坞是她的福地，她先后在这里获得了“最佳女主角奖”、“最佳年度导演奖”、“最受欢迎女演员奖”。她也多次在百老汇剧院、林肯中心、好莱坞的舞台上演出，但她心中却只有一个“中国梦”，就是希望凭借一部自己主演的弘扬中华文化的电视剧在美国获奖，现在这个梦想终于在好莱坞得以实现。她说：“我想告诉大家，世界不会因为中国人有钱去尊重我们，但世界一定会因为中国人有文化去敬重我们！”彭丹的获奖感言像她主演的作品一样，深深地打动了大家，比弗利山庄的评委和观众们全场站起来为她鼓掌喝彩。

在这个世界上，没有天生的赢家。彭丹的成功也是在经历过很多艰辛的努力才得到的。在人生中，只要你有积极的心态和坚强的意志，不断地学习和创造有利的环境，那么奋斗战场的舞台也会变成为你展示自我的平台！

学会为自己喝彩

人的一生就像长满荆棘的一段路，明知道会鲜血淋漓，可是我们还得坚持勇往直前。虽然这只是人生的起步，但我们仍会为自己咽下泪水而喝彩，鼓励自己再走下去，坚持到底就是胜利！

有一年，我在华盛顿出席美国总统的就职典礼，在典礼上，世界犹太人协会主席杰克·罗森的话深深地感动了我，他说："生命之美，美在姿态，这种姿态就是，在面对人生的风雨时，我们不要抱怨，而是坚强面对。强大的人，是在经历了人生的一次次洗礼后成长起来的。所以，当我们变得比以前强大时，那是因为这个风雨的世界成就了我们。我们要用爱来回报世界。" 他的话让我受益匪浅，我们成了无话不谈的知己，后来他还成了我公司的投资顾问。

这个世界其实很公平，不管你是谁，只要敢和命运抗衡，与人生比赛，不沉沦，不悲哀，在人生的赛场上，哪怕你跑得不快，哪怕你是最后一个到达终点，你也是胜者，因为你用顽强的意志坚持了下来。

我们要学会为自己喝彩，为自己鼓劲，一个人只有学会欣赏自己，才会给自己一个轻松的心态。有了这样的好心态，便会坦然面对人生的风和雨！

彭丹从美国毕业后被黄百鸣邀请踏入了香港影艺圈。在短短几年内，她主演了60多部电影和电视剧，并获得了可观的票房，一时之间，她在演艺圈的声名鹊起。

就在许多人都认为这位从香港影视圈起家的宠儿，会继续在香港影视圈大展拳脚时，彭丹却做出了一个让所有人都惊讶的举动：在主演了几十部商业影片并获得巨大成功后，她要改变戏路，转而出演红色题材的作品。

时机终于来了，当于晓阳导演把《开着火车上北京》的剧本拿给她看时，她怦然心动。本片是以我国第一代内燃机车女司机李秀凤为原型，讲述了一个北京女知青在20世纪60年代支边大西北，立下开着火车上北京的誓言，于90年代身患绝症之后终于如愿以偿的故事。

彭丹为了演好这个角色，她把剧本贴满整个房间，晚上临睡觉时看到的是剧本，早上醒来看到的还是剧本。

《开着火车上北京》开机的时候，彭丹怀着激动的心情登上了开往大西北的列车。遗憾的是，一下火车就有了高原反应，身体一向很好的她，心跳变得加速，呼吸困难，但她坚持着，当时，片场是零下三十六度的严寒。

在拍摄一组火车头出事的镜头时，彭丹在行驶中的火车顶上往车头跑。她有恐高症，明知道一旦摔下去就会“一命呼呜”，但为了真实地表现出劳动模范的英勇，对演艺事业一向敬业的彭丹坚持不用替身。她在心里默默地对自己说："彭丹，你可要挺住，今天，你一定要爬上火车头！"

在拍到第三遍的时候，体力不支的她忍不住哭了。但是，在她哭完后，她又爬起来再拍，迎着强风和蒸汽在火车顶上边跑边喊……那危险的场面，在场的老艺术家们都为她捏了一把汗，同时又都被她的敬业精神感动落泪。

在这部电影里，彭丹用自己的演技，把女司机李秀凤塑造得栩栩如生，得到影视圈同行们的认可，正是因为她在这部国庆献礼片中精彩的演绎，著名作家梁晓声看影片时都忍不住流下了眼泪。事后他在一次采访中对记者说："我和彭丹认识，看认识的人演戏，会有一种不真实的感觉。而我看彭丹演的这个电影就没有这种感觉，感觉不到她演戏的痕迹。"

彭丹传神而生活化的表演，折服了国内的专家评委，她赢得了中宣部精神文明建设"五个一工程"奖，引起了外国片商的极大关注。美国华纳影业立即购买了它的海外播映权，打破了在国内获奖的主旋律影片无法走出国门的惯例。

在这部影片之后，彭丹相继收到了胡玫、尹力、吴子牛等著名导演的邀请，又接连主演了一大批主旋律影视剧。彭丹终于实现了自己的梦想，在影视艺术中尽情挥洒着她那浓烈的爱国之情。

在演艺事业取得巨大成功的同时，彭丹没忘记回报社会，一直以来她积极致力于社会慈善公益活动的推广，为贫困儿童求学、伤残病人摆脱病魔不遗余力。

彭丹在香港期间，就把慈善作为自己的重要工作，先后向香港“东华三院”“香港仁济医院”“香港仁爱堂”等慈善团体捐款近百万港币。

1995年秋，她向家乡湖南冷水江市天然景点波月洞投资1000万元人民币，合约期为30年，从此彭丹又获得了“波月洞主”的雅号。

她说：“慈善是一种习惯，就像每天早晨刷牙、洗脸一样普通，不在乎有多大的形式，只要能给需要帮助的人一点帮助就足够了。”

从1996年开始，她连续20年向四川省金堂县阳光小学14名贫困失学儿童提供资助，使他们得以完成从小学到大学的求学之路。

2001年至2010年，彭丹先后两次向四川省康骨医院捐赠人民币共150万元，成立了“彭丹爱心基金会”，使得众多股骨头坏死的残疾儿童和病人获得了救治。

2006年，她为“大地之爱——母亲水窖”工程慷慨解囊，使许多西北地区的贫困家庭走出了生存困境。

2010年，彭丹向“增爱公益基金会”捐赠了人民币100万元，成立了“增爱彭丹专项基金”，为矿难孤残人士和儿童福利事业做出了新的贡献。

2013年甘肃地震，彭丹是第一个抵达灾区的知名艺人和政协委员，并现场捐款40万元现金和急需物资救助当地百姓……

当记者问她身为政协委员，为何要以演员的身份来传播正能量时，彭丹是这么回答的：

我首先是一名演员，其次是一名导演，最后才是政协委员。我不希望用政协委员的身份去宣传作品，而是想用一个演员和导演的身份来做公益。我不是土豪委员，也不是明星委员，我就是一名来自于贫困地区的草根委员。我只想为老百姓多做些事，我认为这才是政协委员最好的履职。

这就是彭丹，一位有思想、敢担当、真诚而善良的艺术家！这个世界给了她许多爱，她也在用爱回报着这个世界。

彭丹的成功当然来之不易，但她懂得在成功之后回报社会。人的一生就像长满荆棘的一段路，但明知道会鲜血淋漓，可是我们还得坚持勇往直前。虽然这只是踏进人生的起步，但我们仍会为自己咽下泪水而喝彩，鼓励自己再走下去，坚持到底就是胜利！

在人生舞台上做自己的主角

在人生的大舞台上，哪怕你一开始当的是配角，只要你做真实的自己，挺起胸膛，清清白白地做人、理直气壮地做好属于自己的事情，昂首阔步地向前走，总有一天，你会成为主宰自己命运的人，成为舞台上光彩照人的主角！

在茱莉亚艺术学院深造时，我跟一位中美混血的女同学很要好。她年纪只比我大一岁，在美国演艺圈小有名气。

有一次，一位导演邀请她在一部影片里担任配角。那位导演没有名气，我觉得以她的知名度是不会答应的：一是这位导演还没有她的名气大；二是这部影片里请的女主角是新人。

没想到，她毫不犹豫就答应了。

看我一脸不解，她笑着说："演员是我们的职业，不管所演的是主角还是配角，我们都要尽全力演好属于自己的角色，即便是一个只露一面的小角色，也要用心地来演。"

我似有所悟，问道："你的意思是，没有小角色，只有小演员？"

她点头说："Yes！我们的人生就是一部大戏，无论是工作，还是生活，都要尽全力成为这部戏里的主角。哪怕你在演戏中演的是配角，也要当成主角来演。"

影片上映后，她饰演的配角荣获两项大奖。

人生如戏，戏如人生。每个人的一生就是一部连续剧。在自己人生的这个大舞台上，你就是主角。哪怕你在公司干着无足轻重的工作，从事的也是简单的职业，在工作时也必须做主角，用主角心态来工作和生活，你就会坚信自己存在的价值，这时的你就是最美的。

在这个充满竞争力的世界上，你最强大的竞争对手是你自己，你如果不倒下，没有人能打败你。当你满怀激情地面对生活中所发生的一切时，不管什么时候，你都能演绎好最美的自己！

1995年，我有幸在著名导演李安监制的英语影片《落鸟》中饰演女主角林娜，这是我的处女作。虽然是初次担任女主角，但因为我在生活中一直用主角的身份和心态来做事情。所以，在拍这部戏时，不管是精神方面的压力，还是艰辛的拍戏过程，都能够坦然面对。

李安导演对拍摄要求很严。我因是女主角，需要用中英文双语讲对白，戏里的每一句台词，我都在每天晚上至少读写10遍；每一场戏，我都会提前到现场一个人先练习，然后再和对手演戏。

《落鸟》上映后，荣获第46届柏林国际电影节"最佳艺术片奖"和蒙特利尔国际电影节"最佳影片奖"等七项大奖。

在接下来的几年当中，我连续主演了六十多部电影和电视剧，并获得了可观的票房。我也因此声名鹊起，真正地成为自己人生舞台上的主角。

在人生的大舞台上，只要你做真实的自己，挺起胸膛，清清白白地做人、理直气壮地做好属于自己的事情，昂首阔步地向前走，总有一天，你会成为主宰自己命运的人，成为舞台上光彩照人的主角。

从美国到中国香港，从中国到世界，我从芭蕾舞的足尖起步，从《天鹅湖》飞进了屏幕，飞进了国际舞台，我始终以自己是个中国人而感到自豪。怀着强烈的民族自豪感和一颗爱国之心，怀着对事业无尽的追求和挑战，怀着对社会的责任感和与生俱来的爱心，我在磨练着演技的同时，仍在继续着自己的公益事业。“积德虽无旁人见，存善自有青天知”，我相信，凭借着我在国际上良好的影响力和艺术上卓越的成就，在未来的日子里我一定会为国家和民族做出更大的贡献，交出一份更完美的人生答卷。

（作者：彭丹）

跌倒的地方是成功的起点

托马斯·卡莱尔说过，生命不止，奋斗不息。当我们拥有一种“生命与奋斗”同在的精神时，哪怕人生风雨再大，哪怕脚下的路再曲折、泥泞，我们都不会轻言放弃，而是变得更加坚强，并从中吸取教训，让每一次跌倒成为人生里程中又一个新的起点！

多年以前，我在选择演艺这条道路时，一位老师语重心长地对我说：“世间万事都有一个过程，这个过程充满了艰难，这时候你不要放弃，因为任何事情发展到一定阶段时都会遇到瓶颈，你只有不断地克服问题、解决问题，才能一步步地完善自己，从而成就一生。记住，不要害怕跌倒。因为跌倒的地方，往往就是你成功的起点。”

当时我在听到这句话时，就当成一份“鸡汤”喝了，并没有放在心上。只是后来我在经历了一些事情后，才发现老师说的这些话，是激励我们向前走的真理。

1992年，从北影毕业后，我由国家公派去香港从事演艺事业。我满怀激情地来到香港，让我大失所望的是，香港无线并没有接收北京的艺员。至今，我还记得自己当时绝望的心情。

我就这样错过了最好的毕业分配时机。

第二年，我应在新加坡的亲戚邀请，到新加坡留学，继续追寻我的演艺梦想。来到这里后，我再次失望了。

原来，我的亲戚对影视业没有兴趣，他们更希望我从事商业。我完成学业后，摆在我面前的道路有两条：一是放弃电影，在新加坡从事商业等其他更有发展的行业；二是回国继续孤身奋斗，圆自己的电影梦。

那时，很多人都劝我从商，我断然拒绝了。我心里明白，从我13岁那年选择这条路开始，我就下定决心，即便在这条路上摔倒，也要爬起来重新上路。

就这样，我义无反顾地选择了回国，这意味着我的一切都要从零重新开始。

我回国后，同班同学许晴、李婷等已经趁着年轻陆续出名。虽然现在的处境对我无利，我还是充满了信心，继续执着于我的梦想。

在最初将近两年的时间里，无戏可拍的我，就静下心来写了三个剧本：《风马牛相及》《女神》《三十而立》。

我就是这样一个人，当生活让我栽跟头时，我会把它们变成创作的材料。在接下来将近两年的时间里，我一边寂寞专注地写作，一边寻找机会演众多的角色。我演的第一个荧屏小角色是《梅兰芳》中的姚玉芙。

在接到这个剧本前，导演对我说，这个角色很小，你愿意演吗？

我觉得任何工作都像在积累基石一样，就说道："即使是演小角色，我也要把他演成一个人物。"

《梅兰芳》上映后，我演的小角色很快得到圈内人的认可，很多人认为我表演细腻、到位。渐渐地，找我拍戏的人多了起来。

"不要害怕跌倒。因为跌倒的地方，往往就是你成功的起点。"多年以后，当我想起老师这句话，不由得感慨万千。

几年后，我有幸主演了好几部影片中的男一号：

我在《西藏风云》中饰演十四世达赖喇嘛。为了扮演好这个角色，我在西藏跟老喇嘛学习并背诵了成篇的梵文经咒。我没有梵文的语言基础，只有死记硬背；为了了解历史，我查阅了关于十四世达赖喇嘛的所有资料和社会背景。最终，我形神兼备的表演非常成功。

而在《插翅难逃》的演出过程中，我从头到脚都负了伤。我的头因为演戏的需要扎进了冰冷刺骨的冰洞里，结果落下了偏头痛的病；双臂由于在打斗过程中被人紧抓，里面的毛细血管大面积破裂，皮肤上留下一片片的淤红；还有一个脚趾指甲在踢打的过程中从根部掀起，以后的戏里每每走动或跳动一下都是钻心的疼……

当我因主演的剧走红时，我知道，我就像老师说的那样，跌倒的地方已经成为我成功的起点了。此时再想起刚毕业时，为了演戏四处奔波和遭受拒绝的情景，我突然很感谢那一段在演戏的路上艰难奔走的日子。我能在无数次的碰壁后，依然坚持走这条路，证实了我是真喜欢少年时代选择的这条路的。

托马斯·卡莱尔说过，生命不止，奋斗不息。当我们拥有一种“生命与奋斗”同在的精神时，哪怕人生风雨再大，哪怕脚下的路再曲折、泥泞，我们都不会轻言放弃，而是变得更加坚强，并从中吸取教训，让每一次跌倒成为人生里程中又一个新的起点！

（作者：赵燕国彰）

你的任何经历都会成为精彩的瞬间

你的经历越多，人越成熟；你经历得越苦，你的生命越有韧性。经历过困苦的磨炼，生命会有强度；经历过挫折的考验，生命会有亮度。一旦经受住了人生的挑战、踏过了生活的泥沼，你的生命将会达到一个让人仰视的高度！

我出生在一个贫穷的家庭，童年里最深的记忆就是饥饿。别看家里经济条件不好，但母亲乐观的性格，却能让我们把饥饿的日子过得充满乐趣。

“我们经历的任何事情，都是上天的赏赐。”这是母亲说得最多的一句话。

我年幼时尚不懂得这话的意思，心想："妈妈说得不对，我们受这么多的苦还算赏赐吗？"直到长大后，我在经历了一些事情后，才明白这句话的真正含义：无论什么事情，我们只有经历过，才能体会到个中滋味。任何经历，在经过岁月的沉淀和洗礼后，都会成为我们成长过程中那精彩的瞬间！

磨炼是成功的一幕序曲，如果我们把这段演奏好了，之后到来的成功也会很精彩。所以说，命运是公平的，我们所遭遇的所有痛苦的经历，往往都会用另一种形式回报给我们。

从小喜欢读书的我，6岁上小学，因为学习成绩优异，我在小学还破格跳过一级。所以，小学和初中只用了6年时间。1978年，我以县统考第二名的成绩初中毕业。

初中毕业后，我考入河北省隆尧县剧团学员班。在校期间，我学了一年京剧、两年河北梆子。

在学习班学习的四年里，我尝到了学艺术的艰辛。每天凌晨四点，我们就到河边吊嗓子；吃过早饭后，开始练功、学文化课等，一直到晚上10点多，才能休息。

天底下没有白白付出的辛苦。16岁那年，我以优异的成绩，考入河北省舞蹈艺术舞蹈科学习舞蹈编导。在这里，我接受的是比学习班更苦的训练。很多时候，我都是咬着牙坚持了下来。我坚信，幸运之神不会辜负努力的人。

1986年，我毕业后，被分配在河北保定地区文工团编导室任编导，在保定文工团做了两年编导后，一向追求上进的我决定报考大学。

由于我参加工作后，一直没有放弃学习，所以，我在1988年参加高考时，以超过录取分数线8分的成绩顺利通过了文化课考试，分别被北京电影学院、中央戏剧学院录取。当时，这两所高等院校都想破格录取我，我也决定到中央戏剧学院深造。可惜的是，因为我档案送递的时机不对，错失了中戏。不幸中万幸的是，北京电影学院录取了我。

我在北电的表演系学了四年，许晴、李婷、蒋雯丽是我的同班同学。在校期间，我在班里当过班长、团支部书记。大学毕业时，我的综合成绩是全班第一。

1992年，我本来是由国家公派去香港进修的，但由于香港无线没有接收北京的艺员，所以，我错过了毕业分配的时机。但我没有放弃，在1993年到新加坡深造，学习结束后，我在中影联合摄制艺术中心担任编导。在忙于工作的时候，我不忘对演技的研究，几年间接了几个小角色。

那时，我每参演一部电影之前，都会反复地看剧本，揣摩所演角色的性格，每天对着镜子说话。电影杀青后，我的工作还没有结束，我会及时总结自己对所演角色的分析、总结。

1994年，我有幸获得在电视剧《梅兰芳》中出演姚玉芙，开始正式进入演艺圈。1997年，我转型做导演，自编自导自演了第一部电影《恰同学少年》，由于资金问题，这部电影一直到2002年才制作完成。这部电影上映后获得了第13届斯德哥尔摩国际电影节“最佳观赏电影奖”。

正是这些坎坷的经历，给我以后的演绎之路铺垫了扎实的基础，也成为我人生阅历的宝贵财富，让我的演艺之路重见光明。

我深知，任何人的一生，都不会事事如意，形形色色、凄凄苦苦的经历都是命运之神赐给我们历练自己的礼物。我们但求无愧我心、尽全力来应对就可以了，这样才能让我们苦短的人生不会有遗憾。相信有一天，命运会用你意想不到的形式，给你意想不到的惊喜。很多经历让我们体会的是苦涩的滋味，但获取的都是胜利的甜果！

有丰富的经历，才有丰满的人生！因为任何经历都会在我们的回忆中，成为那精彩的瞬间。你的经历越多，人越成熟；你经历得越苦，你的生命越有韧性。经历过困苦的磨炼，生命会有强度；经历过挫折的考验，生命会有亮度。一旦经受住了人生的挑战、踏过了生活的泥沼，你的生命将会达到一个让人仰视的高度！

（作者：赵燕国彰）

让愈合的伤口变成身体中最坚硬的部分

让你烦恼的事情，往往是来成就你的耐心的；让你痛苦的事情，往往是来助你成长的；让你烦恼的人，往往是来帮你的人；让你怨恨的人，往往是你生命的贵人。

成功的过程往往是一个不断受伤的过程，伤口无论大小、无论深浅，都会痛彻心扉。庆幸的是，受伤后会让我们成长，知道以后不受伤的方法，这样就会变得越来越坚强，再也不会轻易地被受伤了。

演员拍戏受伤是经常的事情，但一部戏能让你从头伤到脚，甚至差不多落下终身隐疾至今无法痊愈，更残酷的面临终结你的艺术生命，这种受伤绝非常态，可以说是生命中不能承受之痛，《插翅难逃》就是这样一部戏。

我在拍摄《插翅难逃》时，从头到脚都负过伤，可谓是伤痕累累，等戏拍摄结束后，我休息了一个多月才恢复过来。

我记得这部剧在开拍之前，我对角色做了精心的分析和揣摩。我得知香港著名演员吕良伟、任达华都演过这个人物，而且他们演活了这个角色，并让这个角色深入人心。也就是说，我要想演好“张世豪”这个角色，除了在演技方面下功夫外，还要重新塑造这个角色的形象。

说实话，我在接这部戏的时候是很有压力的。当时的我已经三十多岁了，要演绎这样一个草根出身的强盗迷失、坠落于欲望之都的过程，的确有很大的难度。

我在接戏时，向导演提议，希望在这部戏的表演上不按现实主义演，让四个脑袋在运作，即画面的、剧本的、演员的、可观赏性的。导演答应了。

该剧的成功，证明了我这种充满思辨力和创造力的表演是不落俗套的、是可取的。

由于我在《插翅难逃》中用全新的表演方式进行了大胆的尝试，所以，在试戏时有很多镜头反复地重拍，其中在拍打斗戏时，我身上的新伤加旧伤多得每晚睡觉时都不敢躺下来，有时我经常坐着等天亮。这些伤，在我拍完戏的一年后才渐渐痊愈。

然而，正是这一部让我“伤痕累累”的电影，不但让我成功地塑造出了观众喜欢的“张世豪”，又让我有机会在剧中展示了自己的演技。

在人生的道路上，我们在选择超越自己的时候，总要或多或少地受伤。受伤后，先不要去包扎伤口，可以让伤口自行愈合。自行愈合的伤口，会带给你意想不到的惊喜。

直到现在，我依然记得在拍摄《插翅难逃》时的一个镜头：是剧中的“我”被大哥成（剧中黑老大）审问的戏，当时，正值四十多摄氏度的高温，他一把把我的头按入零下十度左右的冰水中。这次拍戏，造成了我整个头部、面部的神经血管肌肉抽搐错位紊乱，而且有了不可逆性的损伤，十多年来，我找遍中外名医来医治，后来经过多位中医的不断治疗，症状才有所缓解。

但这些苦又能怎样？因为热爱这个行业，所以再苦再累我都会坚持下去，并且还会更加努力地去面对困难。我后来拍摄的《忠诚卫士》《危情杜鹃》的尖刀系列和《边缘追缉》《追追追》《深度打击》的警察系列等作品，都是我在克服无法言喻的病痛下完成的。好在努力和付出会有收获，我编剧导演的电影《正青春》在中美电影节获奖了，这算是对我的一份鼓励吧。2018年，我与彭丹导演合作的《南泥湾》的红色大剧，又将是一部不一样的精品力作，相信在这部作品里，你一定会发现一个不一样的赵燕国彰……

我有一个朋友，是一位作家，他对我说：“我从来不怕受伤。这是因为我视痛苦和伤害为‘财富’。我在生活中受到打击时，就会用笔记录下来。等有一天，这些文字就会成为我小说里的文字，痛苦中的我也会成为小说中的人物。”

他的话让我眼前一亮。关于这些伤痛，我们在不同的思维背后，会有不同的行为。你想让自己的人生过得有意义，就要为自己点亮一盏明灯，这样，你即便是带着伤痛，也不会停止前行的脚步，最终让自己赢在人生的起跑点上。

多年来，很多人问我："你饰演的每个角色，性格各异，但你都演得非常成功，请问你是如何做到的？"

我回答："排练时，让身体一次次经受伤害；深夜背剧本时，让精神一次次跟角色对话、争执，然后达成和解。每拍完一部电影和电视剧，我感到自己像是完成了一次生命的轮回。"

对方惊讶地问："拍戏这么苦，假如再给你一次选择，你会选择什么职业？"

我笑着说："如果可以重新选择自己的职业，我仍然选择当演员，因为这个职业有厚重的生命密度，能够体会如此众多的人生经历。"

或许是我在追求艺术的路上经历了太多的无奈和伤痛吧，我的灵魂已经被表演占据。对于我来说，演员这个职业，带给我的不仅仅是功名利禄，而是一种最纯粹、最隽永、最真实、最痛切的感受。"演员是在别人的故事里流着自己的眼泪"，而我在表演别人的同时，何尝不是在演绎着自己的生命呢？

在这布满荆棘而又漫长的人生路上，我们身上不免会留下一道道的伤疤。愕然回首，却发现成功一直在远方默默地注视着你，才明白即使是伤口处，也能开出惊喜的花朵。

所以，你要记住：

让你烦恼的事情，往往是来成就你的耐心的；让你痛苦的事情，往往是来助你成长的；让你烦恼的人，往往是来帮你的人；让你怨恨的人，往往是你生命的贵人……这些事和这些人，就像镜子一样，能照出不同时期的你，你的每一个不同的侧面，都是另一个自己。感谢一切的发生，是它们给了你成长！

（作者：赵燕国彰）

型红色经典电视剧
许铂岑
董勇
彭丹
赵燕国彰
李强
彭丹导演 作品
南泥湾
ON THE NAN NI WAN FRONTIER
出品人：徐子泉 周学海 张涛 纪海 联合出品人：沈庆寿 李珍 曹林炳 王光庆
产业集团/甘肃省文化产业发展集团有限公司/贵州六盘水梅花山生态文化旅游发展有限公司/中纪国际信息技术股份有限公司/北京彭丹世纪影视文化有限公司
单位

《南泥湾》宣传海报

《南泥湾》剧照

《南泥湾》剧照

《南泥湾》剧照

《南泥湾》剧照

《南泥湾》剧照

在人生的大舞台上，哪怕你一开始当的是配角，只要你做真实的自己，挺起胸膛，正正当当地做人、理直气壮地做好属于自己的事情，昂首阔步地向前走，总有一天，你会成为主宰自己命运的人，成为舞台上光彩照人的主角，成为别人仰视的王！